LE GABBRO DU PALLET

ET SES MODIFICATIONS

Par M. A. LACROIX
Professeur de minéralogie au Muséum d'histoire naturelle

INTRODUCTION

Il y a une dizaine d'années, j'ai donné une brève description d'un massif de gabbro, situé sur les bords de la Sèvre, au voisinage du village du Pallet (*Loire-Inférieure*)[1] ; lorsque j'ai fait ce travail, je terminais une étude sur des roches analogues antérieurement recueillies en Norwège et mon attention s'était surtout portée sur la similitude de composition minéralogique et de structure présentée par les roches provenant de ces deux régions éloignées l'une de l'autre.

En poursuivant dans les Pyrénées mes recherches sur les phénomènes de contact du granite, je me suis ressouvenu de roches curieuses que j'avais observées autrefois sur la bordure du massif du gabbro du Pallet et dont je n'avais donné qu'une imparfaite indication. J'ai fait cet automne une série de courses dans cette région. Ce bulletin est consacré à l'exposé des résultats auxquels m'a conduit ce nouveau travail. Il me permet d'établir que le gabbro du Pallet présente de remarquables transformations endomorphes de contact qui s'observent non seulement à la périphérie du massif, mais encore, plus en petit, autour d'enclaves provenant de divers points du massif.

Le gabbro se trouve en outre en contact avec de curieuses roches basiques et il est traversé par des filons variés.

[1] *C. Rendus*, CIX, 870, 1887 et *Bull. Soc. minér. France*, XII, 238, 1889.

CHAPITRE PREMIER

SITUATION GÉOGRAPHIQUE ET GÉOLOGIQUE

Le massif de gabbro du Pallet se trouve dans la partie occidentale de la *feuille de Cholet*, il est traversé par la Sèvre entre Gorges et le Pallet, mais se développe surtout sur la rive droite de cette rivière. Je renvoie pour les détails de ses contours à la *feuille de Cholet* publiée en 1896 par M. Bochet, ils diffèrent peu de ceux que j'ai moi-même donnés dans mon travail antérieur; il me paraît inutile de publier les quelques rectifications de contours que j'ai relevées lors de ma dernière campagne. On ne peut en effet tracer les limites de la roche qui nous occupe que par à peu près : les affleurements sont rares dans ce pays peu accidenté et la roche fraîche n'est guère visible en place que dans les quelques carrières ouvertes, particulièrement sur les bords de la Sèvre et de son affluent la Sanguèze. L'aire occupée par le gabbro ne peut le plus souvent être délimitée que par l'examen de blocs arrondis par décomposition qui abondent dans les vignes plantées sur le gabbro.

Je ferai remarquer toutefois qu'il faut rapporter au gabbro la petite masse marquée comme *diabase ophitique* (ε) à 2 km. E. de Monzillon, ainsi que le massif plus étendu de Tilliers, situé à environ 8 km. E. (à vol d'oiseau) du même village. L'examen des roches fraîches ne laisse aucun doute sur l'absolue identité de ces roches et de celles du Pallet.

Enfin, la large bande d'amphibolites dirigée sensiblement N.-O.-S.-E. qui passe par Vallet et le Nord de Montfaucon et a été bien indiquée par M. Bochet entre son $\xi^2\gamma^1$ et son $x\gamma^1$, doit être en partie rapportée à des roches éruptives, gabbro ou modifications de celui-ci, qui seront étudiées plus loin. Ces roches sont du reste tellement altérées et les coupes naturelles si rares qu'il n'y a pas à songer à les distinguer les unes des autres sur la carte au 80.000^e.

Tel qu'il est représenté sur la feuille de Cholet, le gabbro forme au milieu des micaschistes plus ou moins granulitiques une masse importante, ayant 5 km. du Nord au Sud et environ 8 km. dans sa plus grande largeur de l'Est à l'Ouest.

Le plateau qui occupe le centre du massif, au Sud de la rivière Sanguèze, et qui oscille entre 47 et 54 mètres d'altitude est recouvert par des graviers pliocènes (p^1) qui cachent le gabbro.

Des îlots schisteux nombreux se trouvent au milieu du gabbro, ils n'ont souvent que quelques mètres de surface ; il y a lieu de citer ceux plus importants du Calvaire du Pallet dominant une ancienne tannerie située sur les bords de la Sanguèze et du petit chemin creux conduisant du hameau de Sainguèsne à la route de Clisson vis-à-vis de la Sébinière. D'autres lambeaux ne peuvent être observés en place, mais leur existence est trahie par des blocs épars dans les vignes où ils accompagnent des nodules de gabbro, tel est le cas de nombreux blocs extraits cette année de champs voisins du chemin conduisant de la route de Clisson à la carrière des Prinaux.

Le gabbro est ou a été exploité dans plusieurs carrières ; celle du Moulin de la Rochelle (abandonnée), des Prinaux, du Liveau sur la rive droite de la Sèvre, celle (abandonnée aujourd'hui et en partie comblée) de Saint-Michel, celle des Bois sur la rive droite de la Sanguèze, enfin celle du Champ Cartier[1], ouverte dans le petit pointement de gabbro situé au Sud de Vallet, à l'Ouest du massif principal. Aucune de ces carrières, qui constituent les seules coupes un peu étendues de la région dans lesquelles se voient des roches fraîches, ne montre le contact immédiat du gabbro et des schistes encaissants.

Dans le chemin creux de Saingnèsne, j'ai relevé la coupe suivante (fig. 1) montrant que le gabbro injecte en veines fines des lambeaux schisteux qu'il

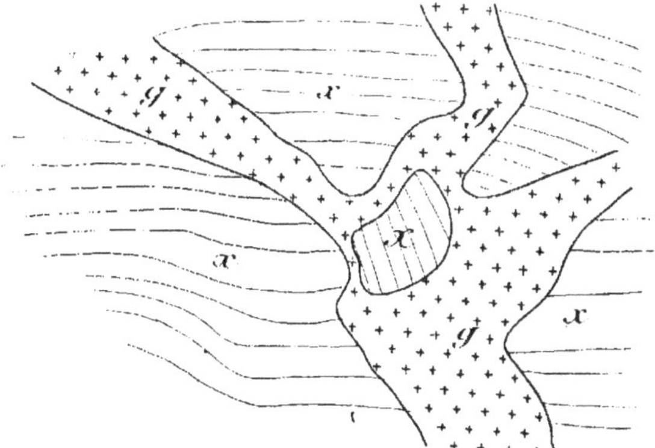

Fig. 1.— Gabbro-norite (*g*) traversant les roches pyroxéniques rubanées (*x*), talus du chemin de Saingnèsne (*Calque d'une photographie*).

disloque ; ceux-ci sont formés par des roches basiques dont l'origine sera discutée plus loin : les roches amphiboliques du calvaire du Pallet sont, elles aussi, traversées par une modification du gabbro.

Dans la carrière des Prinaux, il existe en abondance au milieu du gabbro des enclaves de nature variée et notamment des blocs de schistes à graphite.

Dans la bande d'amphibolites de Vallet-Montfaucon, j'ai observé dans une carrière, à la Corbellière, au milieu des gneiss amphiboliques, un filon d'un gabbro modifié.

On peut donc affirmer que le gabbro est postérieur aux assises schisteuses au

[1] Et non Sans-Quartier, comme je l'ai désignée antérieurement sur une fausse indication que m'avait fournie un paysan.

milieu desquelles on le rencontre et que M. Bochet a désignées dans sa carte sous la dénomination de ζ^2 ; il est d'autre part antérieur à de nombreux filons de granulite qui le traversent aussi bien que les micaschistes voisins. Il n'est pas possible de serrer de plus près la question de son âge. Il me paraît probable que cette roche constitue dans les micaschistes une masse intrusive principale, envoyant des apophyses au milieu d'eux.

Le gabbro est traversé, ainsi que je viens de le dire, par des filons de granulite, il l'est aussi par quelques filons ou filonnets minces de roches basiques qui vont être examinées en détail plus loin : j'ai retrouvé des roches analogues, sinon identiques, en filons ou en masses dans les amphibolites de la bande amphibolique de Vallet-Montfaucon.

CHAPITRE II

LE GABBRO ET SES TRANSFORMATIONS

Un premier examen sur le terrain des gabbros des environs du Pallet montre dans ces roches des différences macroscopiques considérables, différences que l'étude microscopique vient accentuer encore.

Le type le plus fréquent que j'appellerai le *gabbro normal* est constitué par une roche d'un gris noir, dans laquelle on distingue à l'œil nu du labrador (blanc ou gris violacé) et du diallage à éclat bronzé, de l'ilménite, de la pyrrhotite. Les dimensions de ces éléments varient de 1 mm. à 1 cm. 5 ; il existe localement des types pegmatoïdes dont les divers minéraux constituants dépassent plusieurs centimètres de plus grande dimension.

Le second type est de couleur plus claire, les feldspaths y sont blancs ; à l'œil nu, on ne distingue plus les larges cristaux bronzés de diallage, mais de petits cristaux d'hypersthène, de la biotite, parfois du grenat almandin rouge, de la cordiérite et du quartz bleuâtre. La roche a plutôt un aspect granitique ; l'examen microscopique fait voir qu'elle constitue une *norite* micacée, avec ou sans quartz et cordiérite. Quand ce dernier minéral est très abondant, la roche prend une couleur plus sombre, elle est plus tenace, sa cassure présente un éclat gras.

Il n'existe sur le terrain aucune transition brusque entre ces deux types extrêmes, on rencontre tous les passages possibles entre eux, mais leurs positions mutuelles ne sont pas quelconques, le gabbro constitue le centre du massif du Pallet et celui de Tilliers, la norite se trouve toujours à sa périphérie. Sur les bords du massif du Pallet, on la voit affleurer à l'Ouest dans la tranchée du chemin de fer entre Gorges et le Pallet, sur la lisière Nord du massif entre la Sèvre et la route de Mouzillon, etc. Elle se trouve aussi dans le petit ilot de Champ Cartier près de Vallet.

L'étude du contact immédiat de la norite et des micaschistes présenterait un grand intérêt, malheureusement les affleurements sont si rares dans cette région peu accidentée et partout cultivée qu'il m'a été impossible de trouver un seul contact frais. Toutefois, la carrière des Prinaux, près le Pallet, montre nettement la signification qu'il y a lieu d'attribuer à ces modifications de structure et de composition minéralogique, observées sur le bord du massif ; on y voit, en effet, au milieu du gabbro normal des taches nombreuses, constituées par la norite à cordiérite ; toutes ont pour centre des enclaves dans lesquelles se trouvent les diverses étapes de transformation de schistes quartzeux à graphite en agrégats granulitiques ayant la composition de la norite à cordiérite elle-même. Je considère donc la norite comme une modification endomorphe du magma gabbroïque, produite par assimilation des schistes voisins. La discussion de cette interprétation forme la conclusion de ce mémoire. Je passerai en revue dans ce chapitre : 1° le gabbro normal ; 2° ses formes endomorphes constituées par le type le plus modifié, la norite à cordiérite, et par toute une série de passages de celui-ci au gabbro normal, puis les enclaves de la norite ; enfin, 3° les divers types de déformations du gabbro et de la norite, déformations dont les plus importantes ont été produites sous l'influence d'actions mécaniques.

§ I. — Gabbro labradorique normal.

J'ai indiqué plus haut les caractères extérieurs du gabbro normal ; c'est une roche très dure, extrêmement tenace ; elle présente la décomposition en boules, par altération successive d'écailles concentriques. Il est possible d'isoler des nodules arrondis, absolument intacts, d'arènes se démolissant sous le choc du pied. Ces blocs abondent dans les terres cultivées de la région, ils sont désignés par les paysans sous le nom de *rubis*, il est souvent impossible de les entamer au marteau de géologue.

Quand le gabbro est complètement altéré, il se transforme en une terre jaune rougeâtre, convenant à merveille à la culture de la vigne qui se fait en grand dans cette région. Il n'est guère possible de distinguer cette terre de celle qui se forme dans de semblables conditions aux dépens des schistes cristallins basiques du même gisement ; c'est cette difficulté qui ne permet pas la délimitation exacte du gabbro et des schistes amphiboliques de la bande de Vallet-Montfaucon dont il a été question plus haut.

Le gabbro normal peut être étudié, surtout à l'état frais, dans les carrières exploitées du Liveau (sur les bords de la Sèvre, vis-à-vis le village de Gorges), des Prinaux où il est en partie endomorphisé, dans celle des Bois, près du village du Pallet, non loin de la route conduisant à Mouzillon.

Dans toute l'étendue de l'aire occupée par le gabbro, les murs bordant les routes sont formés à l'aide de blocs extraits des champs voisins et fournissent des échantillons remarquablement frais dans lesquels tous les éléments sont intacts.

A part dans les carrières qui viennent d'être indiquées[1] et dans celles qui sont ouvertes occasionnellement pour le besoin des constructions locales, les affleurements du gabbro ne présentent que des roches pourries ou verdies par ouralitisation.

L'étude microscopique montre que la roche est constituée par les éléments suivants : plagioclases basiques, diallage, olivine, biotite, hornblende, ilménite et magnétite, pyrrhotite et accessoirement : apatite, zircon, hypersthène, et

[1] Le gabbro des carrières de la Rochelle et du Champ Cartier est presque entièrement endomorphisé.

divers produits de décomposition parmi lesquels il y a lieu de citer notamment le sphène (leucoxène); quant à la heulandite, la mésotype [1], les chlorites et la calcite, on ne les trouve guère que comme produits de remplissage de fentes.

Le type moyen est un *gabbro à olivine*, les différences que la roche présente tiennent surtout aux variations dans les proportions relatives de l'olivine et du diallage. Les types absolument dépourvus d'olivine sont rares et, de même que ceux dans lesquels le diallage fait complètement défaut, ils semblent ne constituer que des accidents de peu d'importance que je n'ai vu localisés en aucun point spécial de la région.

Les gabbros sans olivine sont surtout constitués par les variétés à très grands éléments, véritables pegmatites de gabbros que l'on trouve sous forme de taches ou avec une allure filonienne peu nette au milieu de la roche à éléments moindres (route de Clisson vis-à-vis de la Sébinière, carrières des Prinaux, de Liveau, la Morandière, etc.).

Quand le diallage est peu abondant, ses grands cristaux bronzés, sur les plans de séparation desquels se voient à l'œil nu les sections des cristaux de plagioclases, donnent à la roche un aspect porphyroïde. Il n'est pas rare de trouver des échantillons ayant la composition d'une véritable *troctolite*, c'est-à-dire des gabbros sans diallage, mais je n'ai jamais rencontré de blocs d'un décimètre cube dans lesquels cette composition fut constante.

J'ai étudié un très grand nombre de préparations microscopiques de ces divers gabbros afin d'élucider quelques questions que je n'avais pu encore résoudre ; elles m'ont conduit à modifier dans certains détails ma description antérieure.

Les plagioclases sont maclés suivant les lois de l'albite, de Carlsbad et de la péricline ; ils sont généralement d'une fraîcheur remarquable. Quelques-uns d'entre eux renferment les inclusions noires aciculaires, bien connues, des plagioclases des gabbros (*schillerisation*). Ceux-ci sont xénomorphes, souvent grenus ou granulitiques, parfois cependant aplatis suivant g^1 (010) et un peu allongés. Ces plagioclases ne sont pas zonés et cette particularité est à noter, les feldspaths des filons qui traversent les gabbros présentant, au contraire, d'une façon presque constante, des zones de composition différente. Ils sont constitués par des *labradors*, allant rarement à la *bytownite*. J'ai extrait et fait tailler de petites lames violacées de ces feldspaths, leur bissectrice est toujours positive. On observe, suivant les échantillons, des extinctions de 22° à 30° dans les sections perpendiculaires à n_g, de 62° à 58° autour de n_p, ces mêmes nombres ont été trouvés dans un grand nombre de plaques minces taillées dans le gabbro. L'étude des sections de la zone de symétrie, maclées suivant les lois de l'albite et de Carlsbad, conduit à la même conclusion, c'est-à-dire à la constatation d'oscillations entre le *labrador* et le *labrador-bytownite*.

L'altération des feldspaths se produit par développement de paillettes micacées, plus rarement par formation de rosettes fibreuses de mésotype (les Prinaux). Ce minéral, de même que la heulandite (Liveau), la calcite, se forme surtout

[1] Voir *Minéralogie de la France*, II, 271 et 290, 1896, et Baret, *Minéralogie de la Loire-Inférieure*, Nantes, 1898.

dans les fentes du gabbro ou à leur voisinage immédiat, ainsi que je l'ai fait remarquer plus haut, mais la décomposition du labrador en est toujours l'origine.

Le pyroxène (diallage) est d'ordinaire extrêmement riche en inclusions brunes : ce caractère n'est cependant pas absolument constant ; il manque parfois et notamment dans le pyroxène du gabbro de Tilliers ; celui-ci présente des macles extrêmement fines suivant h^1 (100), qui font défaut dans le diallage du Pallet, je n'ai rencontré que dans quelques échantillons de celui-ci de fines bandelettes microscopiques maclées suivant la même loi.

L'*olivine* est constituée par des grains globuleux toujours sans formes nettes, ils se groupent souvent à 2, 3, 4 ou davantage : leur jonction se fait fréquemment dans les lames minces suivant une ligne droite ; j'ai trouvé à plusieurs reprises des sections dans lesquelles il semble y avoir une certaine régularité dans les groupements et peut-être une macle suivant a^1 (101)[1] ou une face voisine appartenant à la zone ph^1 (100) ; une section voisine de g^1 (010) notamment (et par suite presque perpendiculaire à n_p) m'a présenté des extinctions à peu près symétriques (trace de n_g) d'environ 50° par rapport à la ligne de jonction des individus groupés.

L'olivine est parfois chargée de produits ferrugineux opaques (Tilliers), elle est plus rarement transformée en un minéral d'hydratation jaune ou vert (n_g vert clair, n_m et n_p jaunâtre) que j'ai autrefois rapporté au *xylotile* ; des échantillons nouveaux m'ont permis de trouver des sections bien perpendiculaires à la bissectrice aigüe et de constater que celle-ci est négative ; le minéral appartient donc non au type ferrugineux de chrysotile (xylotile), mais à celui du groupe de l'antigorite, c'est-à-dire à la *bowlingite*, telle que je l'ai définie dans ma *Minéralogie de la France* ; il est quelquefois parcouru par des traînées de produits ferrugineux opaques.

Les grains d'olivine enveloppés en totalité ou en partie par du plagioclase présentent souvent, mais non constamment, ces curieuses couronnes dont l'origine a été si souvent discutée.

Elles sont constituées par deux zones concentriques ; la plus intérieure est incolore, grossièrement fibreuse ou plutôt columnaire, l'extérieure est formée par de l'actinote verte et se termine dans le feldspath sous forme d'une fine dentelle. Dans de nombreux échantillons de la carrière des Bois notamment, la couronne interne est formée par de l'hypersthène : quand celui-ci a une orientation uniforme autour d'un grain d'olivine, il n'est pas extérieurement cerclé d'actinote. La biréfringence, la réfringence du minéral fibreux incolore et de l'hypersthène, sont sensiblement les mêmes et l'on peut se demander s'ils ne sont pas identiques : cependant, il semble parfois que les extinctions soient obliques et c'est ce qui m'avait engagé autrefois à considérer cette substance comme une amphibole : après l'avoir réexaminée, je crois devoir faire des réserves sur sa nature, n'ayant pu constater l'existence de clivages caractéristiques : il

[1] C'est par suite d'une faute typographique qu'il a été imprimé dans les *Minéraux des Roches* e^2 (?) au lieu de a^1 (?), donné dans ma note du *Bulletin de la Société minéralogique* : le gisement du Pallet doit à cette contradiction accidentelle d'être cité dans la *Mikroskopische Physiographie* (1896), de M. Rosenbusch.

reste cependant établi que l'hypersthène existe dans quelques cas et qu'il est incontestablement d'origine primaire. Quant à la couronne d'actinote, elle me paraît d'origine secondaire et dans les gabbros altérés, l'olivine tout aussi bien que la zone incolore de la couronne est remplacée par ce minéral. Il est assez fréquent de voir des lamelles de biotite accolées sur le bord d'un grain d'olivine ou à la surface externe de la zone blanche : dans le premier cas, la double couronne est interrompue par ce cristal, dans le second, la zone actinolitique seule fait défaut.

Dans le gabbro de Tilliers, la couronne centrale n'existe pas, l'olivine se transforme directement en actinote dont les petites aiguilles rectilignes plongent dans le labrador. Quand un cristal d'olivine est en partie enveloppé par du diallage, la couronne d'actinote se prolonge souvent à la surface de celui-ci sur une petite longueur et s'oriente sur lui.

L'hypersthène indépendant de l'olivine est fréquent dans le gabbro, mais il est peu de roches dans lesquelles sa proportion atteigne celle du diallage ; c'est le cas cependant d'un échantillon que j'ai recueilli à l'entrée du chemin de Saingnèsne près de la route de Clisson. Il est moins ferrugineux que l'hypersthène des norites acides qui seront décrites plus loin et se rapproche de la bronzite ; il est incolore en lames minces et renferme parfois des inclusions ferrugineuses, semblables à celles du diallage. Il se présente à deux états ; en grands cristaux et en grains. Les grands cristaux jouent dans la roche le même rôle que le diallage et moulent les plagioclases ; les grains sont dépourvus d'inclusions ferrugineuses, ils ont une orientation quelconque, et se groupent généralement en petits globules riches en biotite ; ils sont englobés par le diallage ou par les feldspaths, au milieu desquels ils jouent le même rôle que l'olivine dans le gabbro normal (la Robardière, entre les deux ponts). Ces deux formes d'hypersthène peuvent coexister dans la même roche. Dans les gabbros riches en olivine, ce dernier minéral est souvent entouré par la mince bordure d'hypersthène dont il a été question plus haut.

L'hypersthène se transforme quelquefois en talc, contenant souvent une grande quantité de lamelles de biotite dont les sections longitudinales ont leur longueur parallèle à l'axe vertical du pyroxène rhombique. Enfin, on verra plus loin la description des transformations de l'hypersthène en *cummingtonite*.

La hornblende brune, de la même teinte que la biotite, renferme de fines inclusions ferrugineuses ; elle est associée d'une façon presque constante au diallage auquel elle forme une bordure continue; elle constitue aussi des bandelettes au milieu du même minéral sur lequel elle est géométriquement orientée. Il est difficile de savoir si elle est primaire ou si elle s'est produite aux dépens du diallage : si elle est secondaire, elle diffère de l'amphibole d'ouralitisation ordinaire, car lorsque le diallage s'ouralitise, l'amphibole vert clair qui se produit alors est toujours distincte de la hornblende brune, subsistant au milieu d'elle ; elle ne renferme jamais en outre les inclusions brunes si fréquentes dans la hornblende brune. Enfin cette dernière forme parfois une mince bordure autour de l'olivine incluse dans le feldspath et dans ce cas, rien ne prouve qu'elle occupe actuellement la place d'un individu de diallage.

La biotite en lamelles brunes, l'apatite en longs prismes, plus rarement en gros grains (Haie Pallet), le zircon, la magnétite, l'ilménite (assez rarement cerclée de leucoxène) et la pyrrhotite, en grains ou en petites masses xénomorphes, ne présentent aucune particularité intéressante.

La structure du gabbro oscille entre la *structure granitique*, dans laquelle tous les éléments sont xénomorphes et le diallage en partie antérieur au feldspath, et la *structure ophitique* : dans celle-ci cependant l'aplatissement des plagioclases n'est jamais aussi net que dans les ophites des Pyrénées ; cette dernière structure déjà visible à l'œil nu est surtout développée dans les types riches en diallage.

L'ordre de succession est en moyenne le suivant : apatite, olivine, hypersthène, ilménite, magnétite, pyrrhotite (*pro parte*), biotite (*pro parte*), plagioclases diallage, hornblende brune ; mais il est assez variable, sans parler du cas indiqué plus haut où la roche étant grenue, il y a oscillation dans la période de consolidation des plagioclases et du diallage.

L'olivine notamment présente des variations curieuses dans ses relations avec les feldspaths. On la trouve d'ordinaire englobée par le feldspath ou par le diallage ; dans le gabbro de Tilliers les cristaux de diallage renferment parfois un grand nombre de grains d'olivine, ayant tous la même orientation et formant ainsi avec leur hôte une véritable *structure pegmatique*. J'ai recueilli cette année dans la carrière des Bois des échantillons extrêmement riches en olivine dans lesquels ce minéral joue le même rôle que le diallage qu'il accompagne, il moule le plagioclase avec lequel il forme une *structure ophitique* ; les ophites de diallage et d'olivine se rencontrent souvent côte à côte dans le champ d'une même préparation.

Quant à la biotite, elle peut être antérieure aux plagioclases, mais elle est parfois aussi ophitique par rapport à ceux-ci (entre les deux ponts), et postérieure même à la hornblende brune des types ophitiques. On la voit fréquemment envelopper les minéraux ferrugineux. Enfin ces derniers paraissent avoir cristallisé pendant toute la consolidation de la roche ; on en trouve souvent moulant le plagioclase, alors que dans la même plaque, le diallage en renferme des inclusions. La composition chimique du gabbro normal sera étudiée plus loin.

§ II. — Modifications endomorphes du gabbro.

Un caractère commun à toutes les formes de contact du gabbro réside dans la disparition de la structure ophitique et son remplacement par la structure *grenue* ou même franchement *granulitique*. Au point de vue minéralogique, l'olivine disparaît, le quartz devient fréquent, le diallage est progressivement remplacé par de l'hypersthène, les feldspaths sont en moyenne moins basiques.

Les variations de structure et de composition minéralogique sont nombreuses, même dans un gisement de peu de mètres carrés et dans quelques localités, telles que les carrières du Champ Cartier et de St-Michel, presque chaque échantillon présente quelque particularité spéciale.

Le seul type relativement stable est la noriteà cordiérite qui sera décrite plus loin, je m'occuperai tout d'abord des formes de passage entre le gabbro et cette norite.

1° Formes de passage entre le gabbro labradorique et les norites andésitiques.

Gabbros granulitiques. — Ces gabbros renferment les mêmes éléments que le gabbro sans olivine, le feldspath est parfois un peu plus acide (andésine et labrador), la biotite assez abondante ; le quartz fait souvent son apparition sous forme granulitique. Le pyroxène, généralement dépourvu d'inclusions brunes, parfois accompagné d'hypersthène se présente en grains irréguliers qui sont en partie postérieurs aux plagioclases ; çà et là, des cristaux de feldspath plus grands que les autres montrent une tendance à la structure porphyrique (carrière du Champ Cartier).

Quelquefois la biotite est remplacée par de la hornblende brune (vis-à-vis le village de Gorges). Ces roches offrent une assez grande ressemblance avec les gabbros granulitiques filoniens de l'Odenwald, désignés par M. Chelius sous le nom de *beerbachite*, mais la structure n'y est jamais aussi uniformément granulitique.

Gabbros-norites.— Je désigne sous ce nom des roches assez abondantes entre le village du Pallet et la Sèvre (à la carrière de la Rochelle et sur la ligne de chemin de fer notamment), dans le chemin de Saingnèsne (filon). C'est une roche à grands éléments, de couleur plus claire que le gabbro (jaune brunâtre) ; la biotite y est assez abondante. La composition est la même que dans la roche précédente, mais l'hypersthène y est au moins aussi abondant que le diallage ; l'un ou l'autre ou tous deux peuvent présenter des inclusions ferrugineuses ou en être dépourvus. Ces deux minéraux ne forment plus de larges cristaux comme dans le gabbro, ils constituent des grains ou de longs cristaux qui, allongés suivant l'axe vertical à formes irrégulières, moulent çà et là des grains de feldspath ; la biotite leur est postérieure. Les feldspaths sont constitués par du labrador et de l'andésine ; il existe de la magnétite, de l'ilménite, parfois un peu de hornblende.

Le quartz fait son apparition dans ces roches, tantôt il remplit seulement quelques intervalles laissés entre eux par les feldspaths, tantôt il se présente sous la forme granulitique.

Ce sont surtout les feldspaths qui, par leurs formes, caractérisent la structure de la roche ; dans quelques échantillons, ils constituent de grandes plages isométriques accolées les unes aux autres ; dans d'autres, ils sont granulitiques, mais en plus gros individus que dans les types précédents. La structure granulitique se développe surtout dans les échantillons pauvres en éléments colorés (route conduisant à la Rochelle). ils renferment quelquefois des nids feldspathiques de couleur blanche qui, vus de loin, simulent des cristaux porphyroïdes au milieu de la roche.

C'est probablement à ce type qu'il faut rapporter les roches très quartzifères et micacées provenant du Calvaire du Pallet [1], de Plessis-en-Pallet, de la carrière des Huttes près de Tilliers, de la route entre Vallet et les Corbellières, de la carrière des Corbellières (filons), etc.; dans ces roches tous les pyroxènes sont transformés en amphibole: il en sera question plus loin.

Dans la carrière de Champ Cartier, j'ai recueilli des échantillons de ce type qui sont extrêmement micacés et très quartzifères[1]; le quartz bleuâtre y remplit les intervalles des feldspaths à l'état de grains enchevêtrés rappelant ceux du granite de contact de la Haute-Ariège. La biotite est ophitique par rapport aux plagioclases. Ces roches offrent l'aspect extérieur d'un granite très micacé à grands éléments: elles forment, dans la norite des traînées, des pseudofilons ou des taches qui sont en relation de position et peut-être d'origine avec des filons de granulite.

Des roches analogues se trouvent à Saint-Michel, mais elles sont très ouralitisées, les grands cristaux de plagioclase y sont moulés non seulement par des grains de quartz, mais encore de feldspaths entourés de lamelles de biotite et de petits cristaux de hornblende. Cette roche fait penser, au point de vue de la structure, à ces schistes feldspathisés injectés par le granite des Pyrénées dans lesquels il est impossible de faire la part précise de ce qui revient au schiste et au granite.

Dans toutes les roches qui viennent d'être passées en revue, les plagioclases atteignent sans la dépasser la basicité du labrador, mais sont généralement plus acides; il me reste à signaler quelques exceptions à cette règle que j'ai observées dans des filons de gabbros-norites très altérés, traversant les roches basiques rubanées du chemin de Saingnèsne.

Le gabbro-norite de l'un de ces filons contient beaucoup de quartz, mais le plagioclase est néanmoins constitué par de la bytownite ($Sn_g = 44°$). Un autre filonnet de 10 cm. de diamètre est pauvre en hypersthène, il est presque exclusivement constitué par des cristaux de bytownite, accompagnés de beaucoup de quartz qui les moule ou forme avec eux des groupements pegmatiques; ce plagioclase est en outre extrêmement riche en quartz vermiculé.

Dans un autre filon, la roche ne renferme pas de quartz en plages, mais les plagioclases (labrador-bytownite à bytownite), sans exception, sont criblés de quartz vermiculé (abondant aussi dans la roche du Calvaire). Le diallage et l'hypersthène avec inclusions brunes se trouvent ensemble; le diallage est en partie transformé en hornblende d'un brun verdâtre. la structure est celle du gabbro normal avec, par places, ophitisme net.

[1] Le diallage dépourvu d'inclusions ferrugineuses possède des plans de séparations suivant p (001) remarquablement nets.

2° Norites andésitiques.

Les norites ont à l'œil nu un aspect granitique, le feldspath blanc est mélangé de biotite. Avec un peu d'attention, on distingue l'hypersthène; dans quelques gisements (tranchée du chemin de fer entre les deux ponts, carrière abandonnée de Saint-Michel, carrière des Prineaux), il existe de gros grains de grenat rouge qui peuvent devenir extraordinairement abondants (sous calvaire du Pallet). La richesse en grenat entraîne celle en cordiérite. Ce minéral est d'un gris bleuâtre et se confond assez facilement avec le quartz qui l'accompagne; quand il est très abondant, la roche prend une cassure un peu résineuse (calvaire du Pallet, tranchée du chemin de fer). J'ai recueilli entre les deux ponts qui traversent la voie du chemin de fer un échantillon dans lequel se trouve une section de cristal de cordiérite mesurant 1 cm. de diamètre.

Les norites riches en cordiérite et en grenat sont des roches d'une tenacité extraordinaire; leur densité, très variable du reste, atteint 2,916 (calvaire du Pallet), alors que celle des norites ne renfermant pas ces minéraux n'est que de 2,80 environ.

L'examen microscopique montre la présence des minéraux essentiels suivants : hypersthène, biotite, plagioclases, magnétite, pyrrhotite, auxquels s'adjoignent souvent quartz, grenat, cordiérite. Il existe en outre parfois un petit nombre de minéraux accessoires : apatite, graphite, spinelle, sillimanite et staurotide (?)

L'hypersthène se présente dans beaucoup d'échantillons sous forme de grains irréguliers, mais le plus généralement, il est prismatique suivant l'axe vertical, ses cristaux beaucoup plus longs que larges n'ont pas de pointements distincts: ils englobent presque toujours des grains de feldspath, il en résulte parfois une structure un peu dentelliforme. Fréquemment, des grains isolés les uns des autres sont orientés à axes parallèles pour former un squelette de grand cristal. Le pléochroïsme est très net dans les teintes habituelles vertes (n_g) et d'un brun rougeâtre; le minéral a toujours pour bissectrice aigüe n_p, c'est donc bien de l'hypersthène, mais sa composition doit certainement changer dans les divers gisements, car l'intensité de sa coloration est très variable avec les échantillons: il paraît dans tous les cas plus ferrugineux que celui des gabbros qui est incolore en lames minces.

La biotite forme des paillettes ordinairement dépourvues de formes géométriques; elles sont quelquefois dentelliformes, le plus souvent accolées à l'hypersthène, au grenat, ou entourant la magnétite, la pyrrhotite et le graphite.

Les plagioclases sont beaucoup moins basiques que ceux du gabbro normal, ils ne dépassent pas l'*andésine* qui est le type dominant, souvent accompagné de divers oligoclases. Ils sont généralement grenus, non zonés, ils prennent des formes géométriques quand il existe une petite quantité de quartz dans la roche; ils sont alors un peu aplatis suivant g^1 (010) et allongés suivant l'axe vertical; les macles de l'albite sont fines, assez rarement accompagnées par celles de la péricline.

Un échantillon recueilli au voisinage de la gare du Pallet présente des feldspaths que j'ai étudiés spécialement. Une préparation fournit un grand nombre de sections perpendiculaires à n_g, les extinctions y varient suivant les individus de + 3° à 0° et de 0° à — 17°, une partie des sections à faible angle d'extinction a n_g pour bissectrice obtuse, alors que pour les autres cet axe est la bissectrice aiguë ; il y a donc là en même temps des oligoclases-andésines et des andésines-oligoclases.

Le quartz est dépourvu de formes nettes, il possède la structure granitique ou granulitique, il renferme des inclusions liquides à bulles mobiles, mais en faible quantité.

Le grenat appartient à l'*almandin*, il se présente en rhombodécaèdres à formes nettes ou plus souvent en cristaux irréguliers ; très fréquemment, ceux-ci ne sont pas homogènes, mais criblés de vermiculations de paillettes de biotite. Ce minéral a du reste une grande tendance à entourer ou à imprégner le grenat, il est alors accompagné d'hypersthène.

La cordiérite se trouve en cristaux dont la taille varie depuis 0 mm. 5 jusqu'à 2 centimètres, mais cette dernière dimension est très exceptionnelle (tranchée du chemin de fer) ; il est cependant facile de distinguer à l'œil nu la cordiérite, quand elle n'est pas accompagnée de quartz bleuâtre, comme cela a lieu si souvent.

La cordiérite forme des cristaux nets qui sont parfois automorphes, mais qui fort souvent, de même que l'hypersthène, englobent sur leurs bords des grains des autres minéraux. Dans quelques échantillons, le minéral ne renferme aucune inclusion, aucune macle, il ne se distingue guère que par sa biréfringence des feldspaths voisins, si ceux-ci ne sont pas maclés, d'autant plus que la réfringence moyenne est voisine de celle de l'andésine. Le plus souvent, toutefois, la cordiérite se remarque aisément par sa richesse en inclusions de zircon, autour desquelles s'observent des auréoles pléochroïques jaunes, remarquablement intenses (Pl. I) ; il existe parfois en très grande abondance des grains et des octaèdres de *spinelle* vert, des paillettes de biotite, disposées en traînées, alors que les minéraux voisins ne présentent rien de semblable. On voit aussi plusieurs cristaux de cordiérite se grouper à axes parallèles et présenter avec leurs inclusions et en très grand ce que nous verrons plus loin en petit dans les enclaves à cordiérite. L'analogie est rendue plus grande encore quand la cordiérite renferme une grande quantité de grains d'hypersthène.

La cordiérite englobe souvent de petits paquets d'aiguilles orthorhombiques, d'allongement positif, sans doute formés par de la *sillimanite*, bien qu'elles soient plus courtes que d'ordinaire ; le minéral est de trop faibles dimensions pour se prêter à des recherches optiques plus détaillées. Il en est de même pour de petites aiguilles ayant environ 10 μ de plus grande dimension et qui me paraissent être constituées par de la *staurotide* : elles sont orthorhombiques, jaune pâle, avec maximum de pléochroïsme suivant leur allongement de signe positif ; leur réfringence et leur biréfringence sont conformes à cette hypothèse.

Les macles polysynthétiques sont moins fréquentes que dans la cordiérite des enclaves, elles se produisent toujours suivant la même face m (110) au lieu de former des assemblages en roues. Les sections voisines de p (001) offrent alors l'aspect d'un feldspath triclinique maclé suivant la loi de l'albite, elles sont quelquefois coupées par de petites bandelettes de la macle suivant une autre face m (110) qui simulent alors la macle de la péricline des plagioclases. La fig. 1 de la pl. 1 montre des macles de ce genre au milieu desquelles s'observent des auréoles pléochroïques.

J'ai isolé une petite quantité de cordiérite afin de vérifier ma détermination par des essais chimiques ; j'ai employé pour cela la norite riche en grenat et cordiérite du calvaire du Pallet. La séparation ne peut être obtenue par le seul emploi des liqueurs denses. La poudre de la roche placée dans le tétrabromure d'acétylène pur laisse déposer immédiatement le grenat et la plus grande partie de l'hypersthène : par dilution progressive avec de l'éther, on obtient des fractionnements de moins en moins riches en biotite et en grains lestés d'hypersthène et de cordiérite ; ce minéral accompagne ensuite les plagioclases et le quartz qui seuls se trouvent dans les produits les plus légers. Ce fait s'explique aisément par la densité de la cordiérite et des autres éléments blancs qui oscille autour de 2,65, les dimensions des éléments de la roche étant assez faibles pour qu'un grand nombre de grains aient une composition mixte. Un traitement par l'acide chlorhydrique bouillant, puis un lavage rapide à l'acide fluorhydrique très étendu permettent d'éliminer la biotite ; enfin, il ne reste plus qu'à opérer par tâtonnement des séparations mécaniques parmi les éléments subsistants.

La cordiérite ainsi purifiée se montre sous forme de grains transparents d'un bleu clair ; le pléochroïsme est très net et les auréoles pléochroïques d'une intensité remarquable. Dans les grains vus suivant une face voisine de la zone verticale, on peut constater nettement que le maximum de pléochroïsme est en sens inverse dans la cordiérite et dans les auréoles. Suivant n_p, on observe une couleur jaune orange dans les auréoles, alors que la cordiérite est incolore ; suivant n_m et n_p une teinte violette plus ou moins foncée dans la cordiérite, jaune très pâle dans les auréoles.

De même que les autres éléments des norites, la cordiérite est rarement altérée, les produits micacés habituels ne s'observent que dans quelques fissures et je n'ai rencontré aucun échantillon entièrement pinitisé : cette fraîcheur de la cordiérite est un fait à signaler, eu égard à la facilité avec laquelle ce minéral s'altère. Les inclusions de zircon dans la cordiérite sont aciculaires ou formées par des grains arrondis : de gros cristaux du même minéral se rencontrent aussi dans les autres éléments de la roche.

Le graphite se présente en lamelles irrégulières avec rarement des contours hexagonaux ; il est très fréquent, mais d'une abondance variable dans un échantillon donné ; à l'œil nu, il se distingue mal de la biotite ; mais il est facile de l'isoler en traitant la roche finement pulvérisée par un mélange d'acides fluorhydrique et sulfurique chauds qui attaque les autres éléments ; le graphite est toujours abondant dans les échantillons riches en enclaves.

Le spinelle existe en grains ou en octaèdres. Il est localisé dans la cordiérite ou dans les enclaves feldspathiques granulitiques ; ses cristaux toujours de petite taille sont souvent englobés en grand nombre par un grain de grenat ou d'hypersthène.

L'ordre de succession de ces divers éléments n'est pas constant, il varie avec les échantillons ou dans un même échantillon. Tous les minéraux essentiels se rencontrent automorphes ou xénomorphes et s'englobent mutuellement.

Le quartz est d'ordinaire le dernier élément formé, mais cela n'est pas général, j'ai en effet trouvé des norites à cordiérite dont les grands cristaux d'hypersthène englobent à la fois du quartz et de l'andésine (Prinaux, entre les deux ponts). La structure est granitique quand le quartz est peu abondant, il moule alors tous les éléments comme dans le granite, mais dans beaucoup d'échantillons, quartzifères ou non, la structure est très nettement granulitique. La roche rappelle alors comme aspect général une aplite de gabbro très feldspathique ou un gneiss pyroxénique ; ce faciès est celui qui s'observe dans la zone de passage aux enclaves qui seront étudiées plus loin.

Les norites qui nous occupent peuvent être divisées en deux groupes suivant qu'elles renferment de la cordiérite ou n'en contiennent pas ; la présence de la cordiérite entraîne d'ordinaire celle du grenat.

Les *norites à cordiérite* sont les plus fréquentes, les gisements à citer comme fournissant les plus beaux échantillons, sont : la carrière de Prinaux, l'ancienne carrière de Saint-Michel, la tranchée du chemin de fer entre Gorges et le Pallet (surtout entre les deux ponts) et sous le calvaire du Pallet, à l'entrée du chemin montant du ruisseau au village.

J'ai dit plus haut que la richesse en cordiérite et en quartz était accompagnée d'une ténacité plus grande de la roche et d'un éclat gras spécial dans la cassure de celle-ci. La teneur en cordiérite et en grenat est très variable dans un même gisement. Quand la roche renferme des enclaves à cordiérite, la proportion de la cordiérite aux alentours est toujours plus grande qu'ailleurs et l'on voit très nettement comment l'enclave s'est égrenée dans la norite.

Dans les roches à feldspath granulitique, la cordiérite se présente souvent en éléments plus grands que les plagioclases. L'andésine de la norite du calvaire du Pallet est quelquefois extrêmement riche en *quartz vermiculé*.

J'ai recueilli dans les fentes de la norite de la carrière de Saint-Michel des petits cristaux de quartz, de *tourmaline,* des lames hexagonales de clinochlore.

3° Enclaves des norites.

La norite à cordiérite renferme dans tous les gisements des enclaves microscopiques. C'est surtout dans la carrière de Prinaux que j'y ai trouvé, et en grande abondance, des enclaves macroscopiques. Elles se divisent en deux groupes.

α. Enclaves schisteuses. — Ces enclaves sont rares, l'une de celles que j'ai recueillies a la grosseur du poing ; elle est anguleuse, sa structure est schisteuse.

sur les plans de schistosité, l'on ne voit que des paillettes de graphite et de la pyrite ; dans une direction perpendiculaire à la schistosité, on distingue entre les lits graphiteux des lits quartzeux et des veinules qui constituent dans l'enclave des prolongements de la norite encaissante (fig. 2). Ces veinules d'injection rappellent celles des granites dans les contacts avec les leptynolites. On y distingue à l'œil nu surtout du quartz, de la cordiérite bleu pâle et du feld-

Fig. 2. — Enclaves schisteuses et rubanées dans la norite des Prinaux. L'enclave schisteuse se trouve à droite ; à gauche, les enclaves rubanées, colorées en noir, s'égrènent dans la norite (Reproduction d'une photographie, grandeur naturelle).

spath. Au microscope, on voit, en outre des éléments qui viennent d'être indiqués, de la biotite et de l'hypersthène. Dans les lits quartzeux, les grains de quartz renferment quelques inclusions de graphite ; ce dernier minéral domine dans les lits phylliteux qui sont souvent très riches en pyrite, en cordiérite, localement en plagioclases ; la biotite forme de petites lamelles irrégulières ; l'hypersthène des grains ou de longues baguettes à extrémités arrondies. Les éléments blancs englobent les minéraux colorés ou opaques : ils sont granulitiques et de taille plus petite que le quartz des lits voisins.

Au voisinage de la norite, la proportion des éléments étrangers augmente, l'andésine, la cordiérite apparaissent dans les lits quartzeux qui deviennent franchement granulitiques, puis les lits graphiteux se disjoignent, les grains d'hypersthène se réunissent en cristaux plus gros, la roche passe à la norite granulitique voisine, dans laquelle se retrouvent encore çà et là de petits îlots

graphiteux. La cordiérite possède des formes remarquablement nettes dans cette zone de transition, les macles y sont souvent absentes.

Le graphite se rencontre normalement dans les schistes granulitisés des environs du Pallet, où il forme de petits lits distincts, ou accompagne les micas.

β. Enclaves rubanées. — Au voisinage de l'enclave schisteuse qui vient d'être décrite (fig. 2), se trouvent des enclaves simplement rubanées. Elles sont d'un gris noir bleuâtre, compactes, mais avec indication de structure grenue, leur cassure est résineuse. Leur structure rubanée n'est pas toujours visible à l'œil nu, elle est très nette cependant quand on examine à la loupe une lame mince. Ces enclaves passent insensiblement aux norites qui les englobent. Ce sont elles surtout qui abondent dans la carrière des Prinaux.

A leur voisinage, on voit au microscope les éléments de la norite diminuer de taille puis devenir franchement granulitiques, l'hypersthène prend en outre très fréquemment des formes cristallitiques. Le rubanement est tantôt produit par l'existence de lits, alternativement très riches en plagioclases et en cordiérite, tantôt par la localisation des éléments colorés dans certains lits.

La structure est granulitique, surtout dans les lits feldspathiques. La cordiérite constitue les groupements à axes parallèles d'un très grand nombre de cristaux, toujours maclés ; tantôt ces cristaux sont emboîtés les uns dans les autres et tantôt ils sont situés à une petite distance les uns des autres. Les macles sont celles, bien connues, suivant *m* (110) ou g_3 (130), mais les groupements complexes dont il vient d'être question ne permettent que rarement de trouver de belles sections à secteurs très distincts (pl. 1, fig. 2). Cordiérite et feldspaths sont saupoudrés de petites paillettes de graphite, de grains de magnétite, de pyrite (souvent entourées de paillettes arrondies de biotite naissante), de grains d'hypersthène, de spinelle vert ; la cordiérite renferme les mêmes inclusions de sillimanite et de staurotide que dans la norite. Parfois on observe des traînées de grenat monoréfringent, associé au spinelle, à l'hypersthène et à la biotite.

Quelques-unes de ces enclaves sont très riches en graphite, formant de grandes lames ou une poussière noire, englobée par l'andésine et la cordiérite.

D'extrêmes variations s'observent dans la composition de ces enclaves, elles tiennent à la proportion relative des feldspaths et de la cordiérite, ainsi que de l'hypersthène et du spinelle vert ; ce dernier élément est quelquefois extrêmement abondant, alors qu'il manque souvent d'une façon absolue.

Dans les échantillons à grands éléments, on reconnaît la structure originelle des schistes dont elles proviennent, grâce à la richesse en graphite des lits à cordiérite et à la pauvreté en ce minéral des lits feldspathiques.

Des enclaves analogues à celles qui viennent d'être décrites se trouvaient autrefois dans la partie aujourd'hui remblayée de la petite carrière de St-Michel, non loin de la route de Monzillon, et dans la partie de la carrière du Liveau, la plus rapprochée du pont de Gorges et exploitée encore en 1889.

En outre de ces enclaves à cordiérite, j'ai observé quelques enclaves dépourvues de cordiérite et formées par des plagioclases finement grenus (andésine à bytownite) englobant un nombre considérable de petits grains contournés d'hypersthène.

§ III. — Modifications secondaires du gabbro.

Dans tout ce qui précède, j'ai considéré le gabbro et ses formes endomorphes à l'état de fraîcheur parfaite, sans tenir compte des modifications profondes, dues aux agents atmosphériques et aux actions dynamiques, modifications que l'on observe en de nombreux points du massif. Ce sont de ces modifications dont il va être question.

a) *Modifications minéralogiques sans changement de structure (Amphibolisation) produites par les actions atmosphériques*

Dans la plupart des affleurements du gabbro, celui-ci se présente avec des caractères extérieurs différents de ceux qui ont été donnés plus haut, le diallage à clivages bronzés est remplacé par de l'amphibole verte, le plagioclase est d'un blanc plus ou moins laiteux, par suite de la présence de produits micacés cryptocristallins.

L'amphibolisation se produit suivant les procédés habituels ; souvent les cristaux de diallage sont transformés en un seul individu d'amphibole vert pâle ayant la même orientation géométrique que le minéral primordial ; cette *ouralitisation* transforme les variétés ophitiques du gabbro en roches rappelant les ophites ouralitisées des Pyrénées. Mais, fréquemment aussi, l'amphibole est formé de fibres à axes imparfaitement parallèles, orientées sur le diallage ou même constituées par des plages sans orientation régulière.

Il est assez rare que la transformation en amphibole respecte les inclusions du diallage, le plus souvent celles-ci disparaissent ; on observe parfois dans l'amphibole d'ouralitisation des auréoles pléochroïques remarquablement intenses autour d'inclusions de zircon, d'apatite.

L'étude de la marche de l'ouralitisation du diallage, quand celui-ci est cerclé de hornblende brune, fait supposer que cette dernière est d'origine primaire ; en effet, comme je l'ai déjà fait remarquer plus haut, l'ouralitisation ne se produit pas par accroissement de cette amphibole ; on voit se former une amphibole vert clair qui s'oriente souvent sur la brune, mais possède une individualité distincte ; quand le diallage a complètement disparu, la hornblende brune subsiste généralement au milieu de l'amphibole secondaire dont elle se distingue encore par la fréquence de ses inclusions noires. Enfin, quand la roche est très altérée, on voit l'amphibole verte remplacer peu à peu la brune ; la disparition des inclusions ferrugineuses accompagne cette transformation.

Dans les gabbros complètement ouralitisés, l'olivine et sa couronne interne ont toujours disparu, elles sont transformées en un agrégat d'actinote vert clair; quand un grain de péridot est enveloppé par un cristal de diallage, sa transformation en actinote rend généralement irrégulière l'orientation de l'amphibole secondaire sur le diallage.

On verra plus loin que les phénomènes mécaniques subis par les gabbros sont accompagnés d'une façon constante par la production d'amphibole aux dépens du diallage, mais cette transformation n'est pas liée d'une façon nécessaire à ces modifications de structure de la roche; dans la plupart des affleurements, elle accompagne l'altération des feldspaths, la chloritisation de la biotite, et elle doit alors être considérée comme un phénomène dû aux agents atmosphériques. J'ai montré autre part que la même conclusion s'impose pour la plupart des ophites pyrénéennes.

L'hypersthène des norites et des gabbros-norites subit une transformation tout à fait semblable à celle que j'ai décrite [1] dans la norite d'Arvieu (Aveyron), mais ici le minéral secondaire n'est pas rhombique (*anthophyllite*), mais monoclinique (*cummingtonite*). Les grands cristaux d'hypersthène se transforment en baguettes incolores de cette amphibole : parfois celles-ci ont une orientation quelconque par rapport au minéral qu'elles épigénisent, mais souvent, quelques-unes d'entre elles ont leur axe vertical parallèle à celui de l'hypersthène et englobent en outre d'autres baguettes qui, elles, sont orientées d'une façon quelconque (près la gare de Gorges). L'angle d'extinction est d'environ 20° dans g^1 (010), les macles suivant h^1 (100) sont constantes et très finement répétées. Quand l'hypersthène renferme des inclusions ferrugineuses, on les voit souvent persister à travers les cristaux de cummingtonite, diversement orientés et rester ainsi sur le prolongement de celles des lambeaux encore intacts d'hypersthène. Les paquets d'aiguilles de cummingtonite se transforment en actinote verte à leur contact avec les plagioclases.

J'ai indiqué plus haut quelques cas de transformation d'hypersthène en talc.

Pour terminer cette énumération des produits d'altération atmosphérique des gabbros et norites, je rappellerai que les plagioclases, et plus rarement la cordiérite, sont parfois piquetés de produits micacés; la biotite est transformée en pennine renfermant du rutile ou de la brookite (les Corbellières), l'ilménite en leucoxène et l'olivine en bowlingite. L'influence de la circulation des eaux superficielles sur la serpentinisation de l'olivine est montrée par un échantillon frais de gabbro très riche en olivine que j'ai recueilli dans la carrière des Bois. Il est traversé par des fissures qui ne s'aperçoivent que dans les lames minces; elles coupent indistinctement les plagioclases, le diallage et l'olivine; au contact de leurs deux parois, l'olivine est transformée en bowlingite, le diallage en amphibole, le feldspath est presqu'intact; à leur niveau, la fente est remplie par un peu de produits chloriteux colloïdes provenant des éléments ferrugineux voisins.

[1] *Minéralogie de la France*, I, 558.

b) *Modifications minéralogiques avec changements de structure produites par dynamométamorphisme.*

Les déformations mécaniques sont surtout intenses sur la bordure du massif, notamment dans le ravin vis-à-vis de Gorges, à la carrière de Saint-Michel, dans les îlots de gabbro voisins du Vallet, etc. Je considérerai successivement le cas des gabbros et celui des norites.

Gabbros. — 1re phase : La première phase de transformation consiste en déformations de structure, sans production de minéraux néogènes, autres que l'amphibole. Le cas le plus facile à étudier se présente dans les carrières de Liveau, des Prinaux, où l'on voit la roche fraîche, traversée par des lignes noires ternes et compactes, n'ayant souvent que quelques millimètres d'épaisseur et parfois moins. Ces lignes sont l'intersection, par le front de taille de la carrière de *plans de friction*, suivant lesquels les deux parois d'une fente ont été écrasées l'une contre l'autre.

L'examen microscopique fait voir des fragments anguleux de plagioclases, de diallage, entièrement transformés en amphibole. Ces éléments clastiques sont cimentés par de petites aiguilles d'actinote et des grains de leucoxène résultant de la transformation d'ilménite.

Ces plans de friction constituent souvent un phénomène d'écrasement tout local, une même préparation d'un centimètre carré pouvant les présenter traversant une roche à structure tout à fait intacte.

Un autre cas assez fréquent est celui où l'écrasement a été moins intense et moins localisé, également réparti sur toute la roche. Tous les éléments sont brisés, leurs fragments ont subi de légers déplacements, mais sans jouer d'une façon notable les uns sur les autres. Il n'y a pas de structure en mortier. On constate seulement que, dans une même plage de plagioclase brisée, les bandes de la macle d'albite des divers fragments ne coïncident plus; ces fragments sont réunis par de très fines aiguilles d'amphibole (route de Saint-Germain). Le diallage est d'ordinaire complètement ouralitisé et souvent l'amphibole fibreuse imprègne les fragments de feldspath et donne à la roche une schistosité déjà très nette.

Dans tous les cas qui viennent d'être passés en revue, la roche la plus déformée possède toujours un cachet d'origine auquel il n'est pas possible de se tromper.

2e phase : Dans cette phase, des recristallisations viennent masquer l'origine clastique des éléments écrasés, le feldspath se granule, soit par suite de la formation d'une structure en mortier, soit plus souvent par recristallisation. L'amphibole recristallise, elle aussi, non plus en aiguilles filiformes, mais en cristaux plus gros ou en grains, par suite de la concentration en un même individu cristallin de la matière de petits fragments diversement orientés: il se produit là un travail moléculaire analogue à celui qui transforme dans une solution une foule de petits cristaux d'alun en quelques gros individus du même sel.

J'ai recueilli notamment sur la rive gauche du ravin de Gorges des échantillons, dans lesquels il est possible de voir au milieu d'une même plaque mince, des régions à faciès nettement clastique et d'autres entièrement recristallisées. Celles-ci offrent la plus grande analogie de structure avec les schistes amphiboliques (voir chapitre IV) qui se trouvent dans le même gisement, intercalés dans les micaschistes ou en contact avec eux.

Je suis persuadé qu'en étudiant un très grand nombre de roches du ravin de Gorges, on arriverait à constituer une chaîne absolument continue entre le gabbro déformé et les plus cristallins de ces schistes amphiboliques.

La plupart des pétrographes qui ont étudié depuis quelques années des régions de gabbros ont mis en relief la fréquence de l'association aux gabbros d'un manteau de schistes amphiboliques; l'opinion la plus répandue aujourd'hui est en faveur de l'origine dynamométamorphique de ceux-ci. Si j'ai insisté sur ces diverses étapes de transformation des gabbros du Pallet, c'est qu'elles me paraissent des plus caractéristiques à ce point de vue et qu'elles ont entraîné ma conviction depuis la publication de mon premier mémoire.

Je ferai remarquer toutefois que la question est probablement plus complexe et que parmi les schistes amphiboliques de cette région (et notamment parmi ceux de la zone de Vallet-Montfaucon), il s'en trouve qui ont peut-être une origine différente. Les uns en effet peuvent résulter de la transformation dynamométamorphique de roches filoniennes injectées dans les schistes et originellement différentes du gabbro (voir chapitre III), les autres de roches métamorphisées par action de contact. Je reviendrai sur ces roches dans le chapitre IV.

Norites. — Les norites présentent les mêmes types de déformation que les gabbros, mais le résultat est parfois un peu différent à cause des différences minéralogiques de ces roches. Les échantillons que j'ai observés correspondent surtout à la seconde phrase de transformation du gabbro.

Dans le type le moins déformé, la roche normale est traversée par des traînées de quelques millimètres ou même fraction de millimètres remplies de minéraux brisés et recristallisés, les fragments de feldspath sont accompagnés de grains de quartz néogène, ils sont mélangés à des débris d'hypersthène et moulés par de la hornblende verte et de la biotite dendritique de nouvelle formation. Les minéraux néogènes de ces fentes d'écrasement n'ont pas tous emprunté leurs éléments sur place, il y a eu transport mécanique de matière, car on voit les traînées de hornblende et de biotite se prolonger à travers des cristaux feldspathiques anciens brisés.

Dans un stade plus avancé de déformation, tous les grains de la norite normale ont joué les uns sur les autres et sont séparés par un ciment à éléments fins ayant la même composition que dans la roche précédente; dans les parties très feldspathiques, ce ciment ne renferme souvent que du quartz et du feldspath. L'hypersthène se transforme en cummingtonite; ses aiguilles sont disposées d'une façon quelconque par rapport à l'hypersthène dont les inclusions ferrugineuses subsistent avec parfois leur orientation originelle dans un fouillis de cristaux amphiboliques diversement orientés. Ce fait prouve qu'ici la transformation de l'hypersthène est postérieure à son écrasement. Les paquets de cummingtonite renferment souvent au centre un reste d'hypersthène, ils sont généralement séparés du feldspath par une mince zone d'actinote verte. De la biotite et de la magnétite sont habituellement mélangées à ces amphiboles. Ces agrégats amphiboliques sont étirés dans le sens des cassures de la norite à laquelle ils donnent une structure vaguement schisteuse.

Enfin quand les déformations atteignent leur maximum, tous les éléments sans exception sont transformés en une fine purée, mélangée de quartz microgrenu, les paquets amphiboliques sont ou ne sont plus distincts ; par places, le ciment quartzofeldspathique est comme imbibé par de fines paillettes ou aiguilles de biotite et de hornblende et au milieu de ce mélange se développent des rhombododécaèdres pœcilitiques de *grenat almandin* qui forment souvent une enveloppe à des fragments moins déformés de la norite.

Quand il n'existe plus aucune trace des éléments normaux intacts de la roche originelle, on peut se demander quelle est l'origine de ces roches très micacées et les comparer à des schistes métamorphisés par action de contact (Saint-Michel).

§ IV. — Composition chimique du gabbro et des norites.

Voyons maintenant quelle est la composition chimique des norites à cordiérite et en quoi elles diffèrent du gabbro normal.

J'ai effectué les analyses *b. c. d. e* et *f*. M. Pisani. les analyses *a, c, g* sur des roches intactes ne présentant pas de produits secondaires en quantité notable.

	a	*b*	*c*	*d*	*e*	*f*	*g*	*h*	*i*	j
SiO^2		49.45	58.00	58.60	54.30	51.80	50.10	49.38	53.3	49.53
	49.30									
TiO^2		0.32	» »	» »	» »	» »	» »	» »	» »	» »
Al^2O^3	21.60	20.41	22.20	22.90	25.20	26.42	27.60	28.03	25.4	21.00
Fe^2O^3	2.28	1.34	1.97	2.52	2.91		3.65		11.0	10.24
						11.08		12.32		
FeO	7.26	9.51	7.24	6.98	8.39		9.14		» »	» »
CaO	10.20	9.96	2.17	1.65	2.50	1.45	1.53	2.73	2.0	10.08
MgO	7.82	5.34	3.84	3.97	4.01	5.08	3.86	3.50	4.0	6.58
Na^2O	2.15	2.73	3.18	3.25	3.82	3.13	3.04	3.49	3.3	2.44
K^2O	0.29	0.20	0.68	0.51	0.79	0.24	0.81	0.93	0.7	0.24
H^2O	0.10	0.70	0.40	0.63	0.55	0.84	1.00	0.64	0.7	0.40
	101.00	99.96	99.68	101 01	99.47	100.04	100.73	101.02	100.4	100.51
Densité	2.95 à 2.98		2.84 à 2.86		2.88	2.88	2.91 à 2.93			

Gabbro labradorique : *a* de la carrière des Bois, *b* de la Morandière.

Norite andésitique à cordiérite ; *c* et *d* de la tranchée du chemin de fer (peu de grenat) ; *e* de la carrière des Prinaux ; *f* de la carrière St-Michel ; *g* et *h* du calvaire du Pallet (roche très grenatifère et micacée) ; i moyenne des six analyses de norite ; j moyenne des deux analyses de gabbro.

Il est intéressant de traduire ces analyses par la méthode graphique de M. Michel Lévy [1]; les épures ainsi construites sont particulièrement favorables à la comparaison des résultats obtenus et mettent notamment en relief les conditions chimiques, grâce auxquelles la cordiérite a pris naissance. Je rappellerai tout d'abord le principe de la construction de ces épures.

Sur deux axes rectangulaires *y z* sont portées des longueurs proportionnelles à la teneur totale en magnésie et en oxydes de fer, ainsi qu'aux quantités de potasse, de soude et de chaux, nécessaires pour satisfaire au rapport (K^2O, Na^2O, CaO) : $Al^2O^3 = 1 : 1$. C'est là ce qu'on appellera la potasse, la soude et la chaux feldspathisables [2]. La chaux (*c*), la magnésie (*m*) sont portées en ordonnées positives, la potasse (*k*) et les oxydes de fer (*f*) en ordonnées négatives, enfin la soude (*n*) en abscisses positives.

Après ce prélèvement sur le résultat de l'analyse des alcalis d'abord et ensuite de la chaux feldspathisables, s'il reste un excès de chaux disponible, celui-ci (*c'*) est porté sur l'épure en abscisse négative, l'excès de soude, s'il existe, est indiqué à gauche de l'axe $+ z$ par une ligne parallèle à l'axe $- y$. Dans le cas où, au contraire, c'est l'alumine qui est en excès, celle-ci (*a*) est portée en abscisse positive.

Il ne reste plus alors qu'à joindre les points *cnk*, qui forment ainsi un triangle, correspondant aux feldspaths et les points *mc'f* (fig. 3) ou *maf* (fig. 6) qui constituent un triangle (ombré sur les épures), répondant aux éléments calcico-ferromagnésiens ou aluminoferromagnésiens. La teneur en silice est indiquée par un chiffre placé sur le prolongement de l'axe *y*.

M. Brögger, dans un travail récent [3], tout en reconnaissant l'intérêt de ces diagrammes, leur a reproché de ne pas fournir immédiatement la possibilité de reconstituer la composition totale de la roche qu'ils représentent et notamment de ne pas figrer l'alumine d'une façon directe, de ne pas tenir compte de l'état d'oxydation du fer et il a proposé de les modifier.

La forme sous laquelle est présentée l'alumine [4] me semble au contraire un des avantages primordiaux de ces épures et, en particulier, pour la question

[1] *Bull. soc. géol.* XXV, 341, 1897.

[2] On a $n\ CaO \times 1{,}825 = y\ Al^2O^3$ feldspathisable
$n\ K^2O \times 1{,}085 = y'$ id.
$n\ Na^2O \times 1{,}625 = y''$ id.
et d'autre part, $n\ Al^2O^3 \times 0{,}548 = y CaO$ feldspathisable
id. $\times 0{,}915 = y'K^2O$ id.
id. $\times 0{,}608 = y''Na^2O$ id.

[3] Das *Ganggefolge des Laurdalit.* Kristiania, 1898, 255.

[4] La comparaison des épures montre que la forme du triangle feldspathique fournit immédiatement une notion très suffisante du type feldspathique moyen d'une roche donnée. Dans les roches à plagioclases, ce triangle a toujours son plus grand côté situé dans l'angle *yz* (quadrant N-E), et, dans le cas des roches potassiques, dans l'angle $y - z$ (quadrant S-E). Dans les premières, le triangle est rectangle et son hypothénuse se confond avec l'axe des *y* pour l'albite pure, avec l'axe des *z* quand le feldspath est de l'anorthite. C'est au voisinage de l'andésine-oligoclase ($Ab_2\ An_1$ ou $An_{33,3}$) que le triangle devient isocèle, si la quantité de potasse contenue dans la roche est négligeable. Dans les roches renfermant à la fois des plagioclases et des feldspaths potassiques, le triangle feldspathique est naturellement à cheval sur l'axe $+ y$.

qui fait l'objet de ce mémoire, la façon dont se dégage le rapport (K^2O, Na^2O, $CaO : Al^2O^3$), est tout à fait saisissante, alors qu'il n'apparaît pas sur les épures modifiées.

Il est du reste facile de voir que l'alumine totale est obtenue très facilement de ces épures, puisqu'il suffit de faire la somme des produits

$$c \times 1,825 + k \times 1,085 + n \times 1.625$$

pour obtenir l'alumine feldspathisable, à laquelle s'ajoute s'il y a lieu, l'excès *a*.

Quant à la distinction entre FeO et Fe^2O^3, on peut aussi la faire en marquant en *f''* la teneur en FeO et en *f* celle en Fe^2O^3. De cette façon les épures, tout en répondant aux desiderata énoncés plus haut, conservent leur forme et leurs avantages caractéristiques.

Afin de rendre les figures comparables à celles qui ont été publiées par M. Michel Lévy, j'ai pris la même échelle de deux millimètres pour 1 0/0.

La composition du gabbro (fig. 3, riche en feldspath), est celle d'un gabbro labradorique (j moyenne des analyses *a* et *b*); nous sommes ici en présence d'une roche aluminosilicatée, non saturée d'alumine, ainsi que le montre le développement du triangle ferromagnésien, situé à gauche de l'axe des *z*; celui-ci est peu allongé suivant l'axe des $-y$, ce qui est une conséquence de la

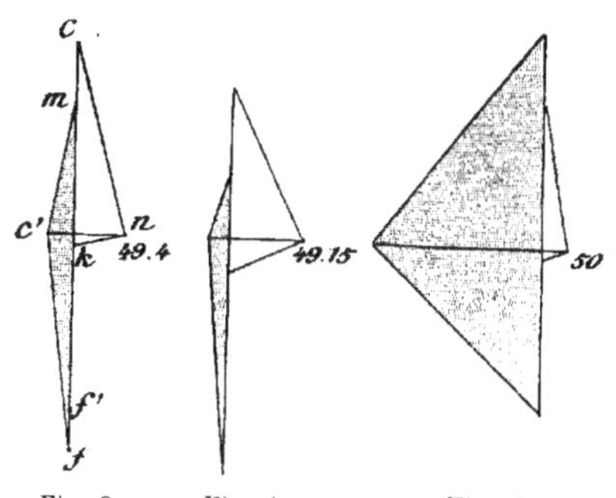

Fig. 3. Fig. 4. Fig. 5.

petite quantité de chaux, existant sous forme de diallage. D'autre part, l'allongement suivant l'axe des *z* du triangle feldspathique traduit la basicité des feldspaths, puisque, dans la roche qui nous occupe, la totalité de la soude est, sans aucun doute, sous la forme de plagioclases. La fig. 4 représente la composition du gabbro à hornblende du fleuve St-Louis près Duluth, qui possède une composition très voisine. La fig. 5 montre au contraire un gabbro pauvre en feldspath et riche en diallage (gabbro à olivine de Buchau en Silésie)[1].

Dans les figures 6 à 8, représentant les norites à cordiérite[2], on voit que le

[1] D'après les analyses publiées par M. Rosenbusch (*Elemente der Gesteinslehre*, 151).

[2] Fig. 6. Moyenne des analyses *c* et *d* : fig. 7, des analyses *ef*; fig. 8, des analyses *g* et *h*.

triangle feldspathique est plus réduit, affaissé le long de l'axe des z, ce qui correspond à une basicité moindre des plagioclases. Enfin, trait caractéristique, le triangle des éléments ferrugineux s'est déplacé : au lieu de se trouver dans la direction $-y$, comme dans le gabbro, il se développe du côté opposé $+y$, le triangle calcicoferromagnésien est remplacé par le triangle albuminoferromagnésien, c'est la conséquence de l'excès d'alumine et la manifestation de la

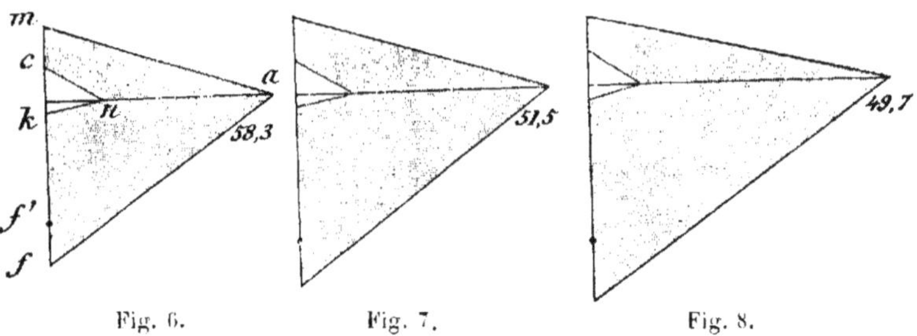

Fig. 6. Fig. 7. Fig. 8.

composition minéralogique décrite plus haut, la disparition de l'augite, son remplacement par l'hypersthène et l'apparition de la biotite de la cordiérite et du grenat.

Je donne, ci-contre, le diagramme de trois roches à cordiérite dont il sera parlé plus loin, celui (fig. 9) de l'andésite micacée lamprophyrique de Michaelstein, d'après l'anayse de M. Max Koch, celui de l'andésite à cordiérite du cap de Gates, par M. Osann (fig. 10) et enfin (fig. 11) celui de la *Cordiérit-Vitrophyrite* déduite de l'analyse de M. Molengraaf. Remarquons que toutes ces roches

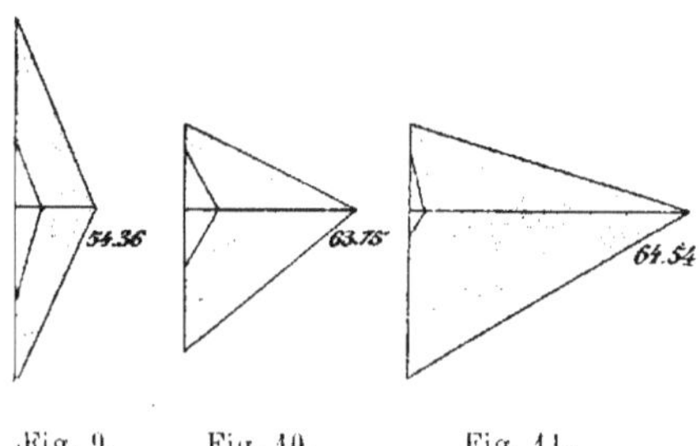

Fig. 9. Fig. 10. Fig. 11.

à cordiérite ont un diagramme présentant la même forme générale, mais, ce sont celles du Pallet dans lesquelles l'excès d'alumine est le plus grand et par suite, la teneur en cordiérite la plus élevée ; ce sont, en outre, les plus basiques.

Je renvoie au chapitre V pour la discussion de ces analyses.

§ V. — Les termes gabbro et diabase.

Le terme gabbro a été depuis quelques années employé dans des sens si divers, qu'il paraît indispensable de légitimer le sens que je lui ai donné dans ce mémoire, d'autant plus qu'il est un peu différent de celui qui a été usité jusqu'à présent en France.

MM. Fouqué et Michel Lévy l'ont employé, avec la généralité des auteurs de l'époque où a été publiée la *Minéralogie micrographique* (1878) pour désigner les roches holocristallines grenues, constituées essentiellement par du diallage [1] et un plagioclase [2]; le nom d'*euphotide* étant réservé aux gabbros tertiaires. Une roche holocristalline grenue constituée par de l'augite et par un plagioclase était désignée par les mêmes auteurs sous le nom de *diabase* ou de *dolérite* suivant qu'elle est tertiaire ou récente, et appelée *norite* ou *hypérite* quand le pyroxène est orthorhombique.

Le principe de la suppression de la dualité des noms basée sur l'âge géologique a fait tomber en désuétude les noms d'euphotide, de dolérite et d'hypérite.

M. Judd a montré que la structure diallagique (inclusions brunes jointes aux plans de séparation suivant h^1 (100)) n'avait pas de signification minéralogique précise et proposé [2] de désigner sous le nom de gabbro toutes les roches grenues, formées de plagioclases et de pyroxène, que celui-ci soit de l'augite ou du diallage. C'est dans ce sens, adopté par les pétrographes anglais [3], que j'emploie ce terme qui englobe, par suite les gabbros et une partie des diabases (celles à structure grenue) de MM. Fouqué et Michel Lévy.

S'il était encore besoin de montrer le peu de valeur qu'il faut attribuer, au point de vue de la classification des roches, à l'existence de la structure et des inclusions diallagiques dans le pyroxène, il serait facile de trouver des arguments dans le massif du Pallet. Le diallage y domine de beaucoup sur l'augite, mais celle-ci n'est pas rare dans de nombreux échantillons et dans certains points du massif, les inclusions diallagiques manquent parfois complètement. C'est probablement l'examen de semblables échantillons qui a conduit M. Bochet à séparer du gabbro et à désigner sous le nom de *diabase ophitique* les roches du massif de Tilliers et de quelques pointements voisins, alors qu'elles ne diffèrent du gabbro du Pallet que par l'existence occasionnelle de cette petite particularité minéralogique. M. Brögger [4] et plus récemment M. Rosenbusch [5] emploient aujourd'hui le terme gabbro dans un sens nouveau, ils le restreignent tout d'abord exclusivement aux roches de profondeur et ensuite lui attribuent une valeur plus chimique que minéralogique.

[1] M. Zirkel lui conserve cette définition. *Lehrb. Petrog.* II, 739, 1894.
[2] *Quaterl. Journ.*, XLII, 1886.
[3] Teall. *British Petrography*, 1888, 132.
[4] *Die Eruptionfolge der triadischen Eruptivgesteinen bei Predazzo*. Kristiania, 1895, 35 et 60.
[5] *Elemente der Gesteinslehre*, 1898.

Pour M. Rosenbusch, les gabbros sont des roches basiques de profondeur, holocristallines et grenues, essentiellement constituées par la combinaison d'un plagioclase basique (entraînant la prédominance de la chaux sur les alcalis), et d'un pyroxène (monoclinique ou orthorhombique) ou d'une amphibole, la roche pouvant ou non renfermer de l'olivine et de la biotite.

Les diorites n'en diffèrent essentiellement que par leur basicité moindre et notamment par celle de leurs plagioclases (entraînant une teneur en alcalis plus élevée que dans les gabbros), la présence plus habituelle de la biotite et enfin l'existence fréquente du quartz.

Cette nouvelle façon de comprendre les gabbros et les diorites, à condition d'être appliquée d'une façon stricte[1], aurait un avantage incontestable, celui d'établir de grandes familles chimiques qui permettraient de rapprocher plus facilement d'une part les diorites (nouveau sens) et les andésites et de l'autre les gabbros et les basaltes, mais il ne semble pas avantageux de bouleverser sans cesse la nomenclature pétrographique en la faisant flotter au gré des théories qui se succèdent et en donnant un sens nouveau à des termes connus depuis longtemps avec un sens minéralogique défini. Je trouve préférable de maintenir le principe de dénomination basée sur la composition minéralogique et de continuer à appeler *gabbros* les roches à plagioclases et pyroxène monoclinique, *norites* celles dont le pyroxène est orthorhombique et *diorites* les roches à plagioclase et amphibole. Du reste, la nomenclature française se prête facilement à une distinction qui, en définitive, permet de concilier les avantages minéralogiques avec l'important point de vue chimique exposé par MM. Brögger et Rosenbusch. On peut en effet réunir dans une même famille *chimique* les trois types *minéralogiques : diorites, gabbros et norites andésitiques*, quartzifères ou non qui sont alors les équivalents des diorites, telles que les comprennent actuellement ces auteurs, alors que nos *diorites, gabbros et norites labradoriques et anorthiques* sont les homologues de leurs gabbros.

Au point de vue de la structure, les gabbros sont granitiques ou granulitiques, ils présentent une tendance très fréquente à la structure ophitique par aplatissement des plagioclases et cristallisation du pyroxène postérieure à celle de ces feldspaths.

C'est par cette forme ophitique que les gabbros passent aux *diabases*, comprises dans un sens strictement minéralogique, pour désigner des roches avec ou sans olivine, constituées par des plagioclases aplatis ou allongés et un pyroxène, et possédant une structure ophitique ou intersertale.

Le terme de diabase a été employé dans des sens tellement divers qu'il y aurait avantage à le rayer complètement de la nomenclature pétrographique, si l'on n'arrive à se mettre d'accord sur une définition rigoureuse. Si on le conserve, il semble que le sens que je viens de définir est celui qui a le plus de

[1] M. Rosenbusch maintient dans les diorites la *diorite orbiculaire* de Corse, bien que son feldspath soit de la bytownite et qu'elle constitue un accident d'une roche qui, d'après sa nouvelle définition, devrait être considérée comme un *hornblendegabbro* (V. Nentien. Etude sur la constitution de la Corse. *Mém., carte géol. France*, 1897, 82).

chance de réunir l'assentiment général, puisque beaucoup de pétrographes et en particulier M. Rosenbusch désignent fréquemment les structures ophitique et intersertale sous le nom de structure diabasique.

Le groupe des diabases, ainsi compris est donc, au point de vue structural, l'intermédiaire entre les gabbros grenus et les andésites et labradorites augitiques et les basaltes microlitiques ; il comprend la plus grande partie des diabases de MM. Fouqué et Michel Lévy et notamment les ophites des Pyrénées. Je ne lui attribue aucune signification d'âge, comme le fait encore, à regret semble-t-il, M. Rosenbusch.

Je ne crois pas davantage qu'il faille impliquer dans la définition la notion de condition de gisement, celle de roches formées par épanchement, bien qu'en réalité ce mode de formation soit celui d'un grand nombre des diabases telles que je les comprend ici. L'exemple des ophites des Pyrénées est frappant à cet égard. J'ai montré antérieurement[1] que la plus grande partie des gisements de ces roches est constituée par des bosses intrusives, au contact desquelles les sédiments ont subi des modifications métamorphiques profondes, offrant la plus grande analogie, parfois même une identité complète avec celles observées au contact des lherzolites qui accompagnent fréquemment ces ophites. Bien qu'il soit impossible de préciser les relations existant entre ces deux catégories de roches, il ne paraît pas possible de disjoindre leur histoire. Néanmoins, M. Rosenbusch, influencé sans doute par la structure *grenue* de la lherzolite et la structure *ophitique* des ophites range les premières dans ses roches de profondeur, en faisant remarquer que leurs phénomènes de contact légitiment cette manière de voir[2], et les secondes dans les roches d'épanchement[3].

En réalité, il existe dans les Pyrénées, au point de vue du mode de mise en place, deux catégories de d'ophites, la première, qui est celle à laquelle je viens de faire allusion se comporte dans ses contacts comme une roche intrusive, la seconde, dont je ne connais[4] avec certitude que le gisement de Ségalas dans l'Ariège est au contraire une roche nettement effusive avec tufs, blocs de projection, etc., et pas de phénomènes de contact. Les diabases les plus cristallines recueillies dans les coulées de cette dernière se distinguent à peine du type normal des diabases intrusives et rendent par suite bien fragile la distinction pétrographique que l'on pourrait être tenté de faire entre elles, en se basant sur la considération de leur gisement.

En présence de la nécessité où l'on se trouve d'admettre pour la lherzolite et les ophites le même mode de mise en place et en présence de la ressemblance très évidente de structure qu'offrent les ophites et les roches d'épanchement de même composition, on peut faire remarquer que ces deux catégories de roches, les ophites et les lherzolites, ne sont pas en réalité des roches de grande profondeur, qu'elles constituent des masses intrusives venues très près de la surface.

[1] *Bull. serv. carte géol.* n° 42.
[2] *Mikroskop. Physiogr.*, II, p. 363, 1896.
[3] *Id.*, p. 1150.
[4] *C. Rendus*, CXXII, 146, 1896 et *Bull. serv. carte géol.*, VIII, 133.

Si la lherzolite est grenue, cela tient à ce que la structure grenue est celle qui, en raison de la grande facilité de cristallisation des magmas péridotiques, est prise par ceux-ci, dès que leur refroidissement n'est pas trop rapide, alors que des magmas feldspathiques placés dans les mêmes conditions donnent des roches d'une cristallinité moins élevée.

Si cette interprétation est justifiée, elle n'a que plus de force pour montrer que la notion d'une structure déterminée ne doit pas être liée d'une façon nécessaire à une condition de gisement déterminée. A ce point de vue, je rappellerai le fait remarquable décrit par M. A. Harker à Carrock Fell[1] (Cumberland) où un gabbro *grenu* a fait intrusion au milieu de laves basiques *microlitiques* dont il enclave des blocs.

[1] *Quaterly J. geol. Soc. London*, L. 311, 1894.

CHAPITRE III

ROCHES FILONIENNES

Le gabbro est traversé par un grand nombre de filons minces qui peuvent être divisés, d'après leur nature, en deux groupes : le premier est formé par des roches d'un vert foncé, riches en amphibole, le second par des granulites.

§ I. — Filons basiques.

Les filons basiques ne se distinguent avec netteté que dans les carrières, car là seulement il est possible de les suivre sur quelques mètres et de s'assurer de leur nature filonienne : ils doivent être extrêmement abondants dans l'étendue du massif, puisque les trois petites carrières des Prinaux, de Liveau et de Champ-Cartier en renferment toutes les trois plusieurs.

Ces filons ont des épontes remarquablement nettes, ils se trouvent au milieu du gabbro intact; leur épaisseur varie de quelques centimètres à près d'un mètre (Champ-Cartier).

Leur composition est assez variée, elle les rapproche d'une façon remarquable des types filoniens en relation avec les gabbros et les diorites de l'Odenwald et décrits par MM. Osann et Chelius sous les noms de *malchite*, *luciite*, *orbite*, *odinite*; il existe des passages nombreux entre eux. Des roches de cette nature n'ont pas encore été étudiées en France, dans notre nomenclature elles oscillent entre des *diorites* à éléments fins, des *microdiorites* et des *andésites très amphiboliques* à *faciès lamprophyrique* (porphyrites amphiboliques). Je désigne sous le nom de *faciès lamprophyrique*, le caractère qui résulte de la très grande abondance de la hornblende ou de la biotite aussi bien en phénocristaux qu'en microlites; les roches offrant ce faciès, qu'elles soient granitoïdes ou qu'elles appartiennent au groupe des roches à microlites d'orthose (trachytes) ou de plagioclase (andésites et labradorites), etc., correspondent donc aux *lamprophyres* de M. Rosenbusch.

Quant au terme *microdiorite*, il est pris dans le sens que j'ai donné à ceux de *microsyénite*, de *microsanidinite* : il spécifie des roches holocristallines à deux temps de cristallisation qui, *au point de vue de la structure*, sont aux diorites grenues ce que le microgranite est au granite. Il semble qu'il serait commode de généraliser l'emploi de ces noms micro... pour désigner dans chaque série pétrographique le type de structure porphyrique dans lequel la pâte du second temps est holocristalline avec des éléments microgrenus et non microlitiques (allongés ou aplatis).

Microdiorite. — Le filon constitué par cette roche se trouve à l'entrée Nord de la carrière de Liveau, il a environ 40 cm. d'épaisseur et ne se voit plus aujourd'hui que sur 1 m. 50 au milieu de broussailles ; il est accolé à un gros filon de pegmatite. Les progrès de l'exploitation ont fait disparaître aujourd'hui le gabbro indiqué en *g'* sur la fig. 12. C'est une roche verdâtre, dans laquelle on

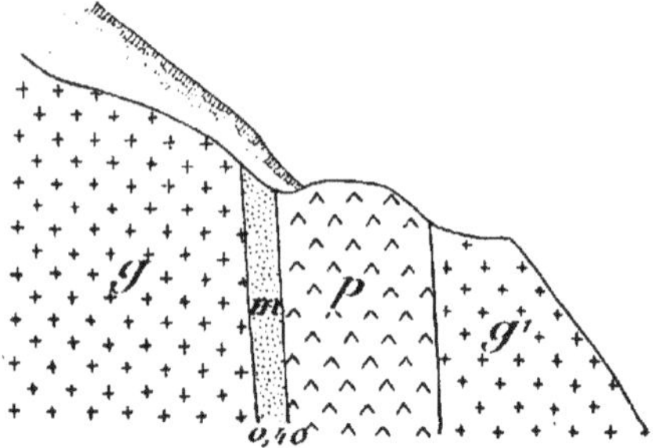

Fig. 12. — Filons de microdiorite (*m*) et de pegmatite (*p*) dans le gabbro normal (*g* et *g*[1]). Carrière de Liveau.

distingue à l'œil nu des cristaux porphyroïdes de hornblende et de plagioclase au milieu d'une pâte très cristalline.

L'examen microscopique fait voir des phénocristaux de plagioclase basique et de hornblende d'un vert foncé distribués dans une masse microgranulitique, constituée par des plagioclases, du quartz et une petite quantité de hornblende. Les phénocristaux de plagioclase sont troubles, riches en paillettes micacées, ils sont automorphes, souvent brisés. ils présentent les macles de l'albite et de la péricline ; ils sont toujours plus réfringents que ceux de la pâte ; d'après les extinctions, ils doivent être rapportés au labrador-bytownite et à la bytownite. La hornblende forme des prismes avec fréquentes macles binaires, leurs contours ne sont pas réguliers et ils englobent souvent à leur périphérie les éléments microgranulitiques.

Le feldspath de la pâte est limpide, assez souvent maclé, il appartient au labrador et à l'andésine ; il cercle parfois les phénocristaux plus basiques ; la hornblende qui l'accompagne est souvent prismatique, mais le plus généralement, elle constitue de petites plages postérieures aux éléments blancs.

Cette roche n'est pas sans analogie avec les types porphyriques de la diorite du lac d'Aydat (Puy-de-Dôme) et notamment avec la microdiorite quartzifère de Verneuge.

Microdiorite micacée à faciès malchitique. — Cette roche constitue un filon vertical, ayant environ 50 centimètres d'épaisseur, dans la partie N.-O. de la carrière du Champ Cartier. Elle est compacte, à cassure très finement cristalline, d'un vert foncé ; elle coupe le gabbro-norite. Les échantillons que j'ai recueillis en 1889, 1890 et 1898 dans les diverses parties du filon successivement mises à jour par l'exploitation, présentent quelques variations de structure. Les deux temps de consolidation, très distincts dans le type précédent, tendent ici à se confondre et souvent il n'y a plus que la hornblende qui soit nettement porphyrique, la pâte est alors à plus grands éléments que dans la microdiorite normale. Les plagioclases y sont fort souvent automorphes, extraordinairement zonés, avec extinctions roulant d'une façon régulière de la bordure plus acide au centre (oligoclase à labrador) ; la hornblende, d'un vert foncé, est abondante, soit en grands cristaux, soit en plus petits éléments, moulant le quartz et les feldspaths ; elle est accompagnée d'une assez grande quantité de biotite qui possède la même structure et ressemble par suite, à ce point de vue, à la biotite des leptynolites.

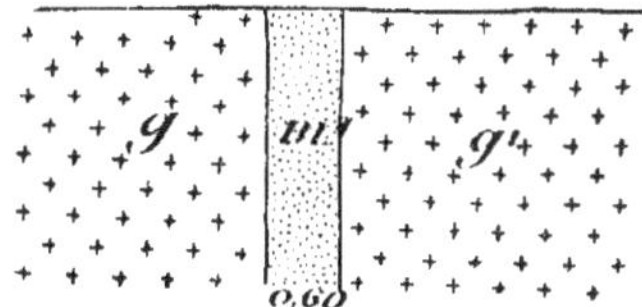

Fig. 13. — Filon de microdiorite (*m*) dans le gabbro-norite. Carrière de Champ-Cartier.

La teneur en éléments colorés de la microdiorite est variable, très supérieure à celle des roches du type précédent, mais de beaucoup inférieure à celle des roches suivantes. Ce type pétrographique mérite d'être distingué d'une façon spéciale et, tout en lui conservant le nom de microdiorite, il me semble nécessaire de le comparer à la roche que M. Osann a trouvée en filon dans le gabbro du Melibocus (Odenwald) et qu'il a désignée sous le nom de *malchite* [1]. Elle se distingue du type le plus habituel de cette roche surtout par la constance des macles polysynthétiques des plagioclases de la pâte, l'abondance de la biotite, la pauvreté en magnétite. On verra plus loin que j'ai trouvé, au voisinage du massif du Pallet, des roches du même groupe, pauvres en quartz ou non quartzifères qui se rapprochent de l'orbite et de la luciite de M. Chelius.

J'ai observé en 1890, sur la route de Montfaucon à Saint-Germain (à environ 900 mètres du premier de ces villages à gauche de la route, dans une tranchée ouverte dans un jardin), et au milieu du gabbro, un filon, ayant environ 0 m. 80, d'une microdiorite, riche en phénocristaux de hornblende. Cette roche constitue le passage entre les deux types de microdiorite qui viennent d'être décrits, elle présente les deux temps distincts de consolidation du premier, les feldspaths zonés et très automorphes du second. La teneur en hornblende du second temps est intermédiaire entre celle de ces deux types ; il n'existe pas de biotite, la roche contient de l'épidote et de la pyrite cubique limonitisée. Il me paraît probable qu'une partie au moins du quartz de cette roche est secondaire.

Andésites amphiboliques à faciès lamprophyrique. — Ce type est plus fréquent que le précédent, je l'ai observé : 1° dans la partie méridionale de la carrière du Liveau, où il forme un filon de 10 cm. d'épaisseur qui monte en serpentant depuis

[1] *Mittheil. Grossh. bad. geol. Landesanstalt*, II, 380, 1892.

le bas jusqu'au haut du front de taille de la carrière ; 2° dans la carrière des Prinaux en filons de 5 à 6 cm. qui ont été mis à jour et successivement enlevés dans les exploitations de 1889, 1890 et 1898 ; 3° dans la carrière du Champ Cartier ce filon, dont j'ai recueilli des échantillons en 1889, a été enlevé depuis lors par l'exploitation.

Ce sont des roches d'un noir verdâtre, finement cristallines ou tout à fait compactes, elles sont assez fragiles. Chaque filon présente sa physionomie particulière, mais leur caractère commun est d'être essentiellement constitués par de

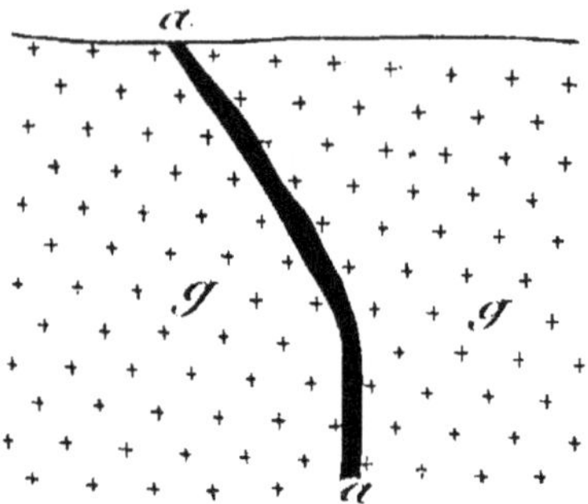

Fig. 14. — Filon mince d'andésite amphibolique lamprophyrique passant à la microdiorite (*a*) dans gabbro normal (*g*). Carrière de Liveau.

l'amphibole accompagnée par de l'oligoclase ou de l'andésine ; ce dernier minéral peut être extrêmement réduit ou même disparaître presque complètement.

L'amphibole est une hornblende d'un brun verdâtre, beaucoup moins foncée que celle des microdiorites. La magnétite est peu abondante.

Les phénocristaux de labrador ne se rencontrent que dans un petit nombre d'échantillons (les Prinaux) dont la pâte est en même temps assez feldspathique. Il existe des phénocristaux de labrador, de pyroxène généralement ouralitisé, et plus rarement des moules d'un minéral disparu et complètement transformé en un agrégat de petites aiguilles de trémolite et d'actinote incolore en lames minces ; les formes de ces pseudomorphoses sont peu nettes. Enfin, dans un filon des Prinaux, j'ai observé une grande quantité de cristaux d'olivine ayant les formes nettes du péridot des basaltes, avec souvent une tendance cristallitique ; ces cristaux sont transformés, les uns en bowlingite mélangée de magnétite, les autres en trémolite et magnétite.

Ces roches se rapportent à deux types principaux. Dans les plus compactes, l'amphibole est nettement microlitique, elle forme de très fines aiguilles enchevêtrées ; ce sont elles qui renferment des phénocristaux abondants. Dans quelques échantillons, le feldspath n'est plus visible et la roche est saupoudrée de lamelles de biotite secondaire (les Prinaux). Quand les cristaux d'amphibole deviennent plus gros, le feldspath de la pâte est en même temps plus abondant et affecte généralement une forme grenue.

Ces roches, nettement microlitiques, présentent une grande analogie avec celles que M. Chelius a désignées sous le nom d'*odinite*[1] et qui forment des filons minces dans le gabbro de Frankenstein (Odenwald). Grâce à l'obligeance de M. Chelius, j'ai pu examiner deux échantillons-types de cette roche et les comparer à ceux que j'ai moi-même recueillis il y a quelques années à Frankenstein. Dans l'odinite de ce gisement, les phénocristaux de labrador sont quelquefois beaucoup plus abondants que dans celle du Pallet qui paraît être d'ordinaire plus riche en hornblende. Elle renferme aussi des pseudomorphoses en actinote que M. Rosenbusch considère comme appartenant à l'olivine plutôt qu'à l'augite; on a vu plus haut que dans mes gisements la présence de l'olivine est certaine. La structure des roches des deux gisements est identique.

Roches de passage aux microdiorites. — Dans quelques filons des Prinaux, dans un filon aujourd'hui disparu de la carrière du Champ Cartier et surtout dans le filon du fond méridional de la carrière du Liveau, la structure est plus cristalline, la hornblende mélangée d'un peu de biotite forme une trame presque continue enveloppant le feldspath granulitique (les Prinaux) ou un peu allongé (Liveau). Des agrégats enchevêtrés d'amphibole vert clair remplacent vraisemblablement des phénocristaux; la roche passe peu à peu à la microdiorite, elle diffère cependant des microdiorites qui ont été décrites plus haut par l'absence du quartz et la richesse plus grande en hornblende, qui est en outre moins ferrifère et enfin par la finesse de leurs éléments.

On peut comparer cette roche à la diorite que M. Chelius a trouvée en filon dans le gabbro d'Orbishöhe, près Zwingenberg (Odenwald) et à laquelle il a donné le nom d'*orbite;* d'après les échantillons de cette roche que j'ai examinés, leur teneur en feldspath est plus élevée et la hornblende plus automorphe et plus ferrifère que dans mes échantillons, de plus il existe du quartz en petite quantité. Il n'est pas sans intérêt de faire remarquer que dans l'Odenwald, le centre des filons épais d'odinite est souvent occupé par une roche à éléments plus grands dans laquelle la structure porphyrique disparaît, roche voisine de l'orbite et à laquelle M. Chelius a donné le nom de *luciite*. La seule différence minéralogique que j'ai vue entre l'orbite et la luciite dans les échantillons que j'ai eus entre les mains réside dans les dimensions plus grandes des éléments de cette dernière accusant une tendance vers la structure d'une diorite normale qui serait très riche en hornblende.

C'est de ce type pétrographique qu'il y a lieu de rapprocher des roches que j'ai recueillies aux alentours du massif de gabbro et notamment dans la bande amphibolique de Vallet-Montfaucon, aux environs de Bonne-Fontaine en Vallet, à la petite carrière du Chintre non loin de la Sablette près de la Guiltière en Tilliers. Dans le premier de ces gisements, la roche a été recueillie dans les talus désagrégés de la route sans que les relations géologiques aient pu être déterminées. La carrière du Chintre est ouverte dans la roche en question, roche verte sans stratification qui est parcourue par des veinules à grands éléments.

Au microscope, les roches de ces divers gisements se montrent constituées

[1] *Notizbl. Ver. Erdk. Darmstadt*, 1892. H. 13, 1.

par de la hornblende d'un vert clair allongée suivant l'axe vertical, mais sans terminaison distincte, un peu de biotite et des plagioclases (oligoclase à andésine), quelquefois zonés ; suivant les échantillons, l'amphibole est accolée contre les cristaux de plagioclase ou englobée par eux ; çà et là apparaît un peu de quartz moulant les feldspaths ou présentant la structure granulitique. La roche oscille entre un type lamprophyrique et un type franchement dioritique.

J'insisterai sur l'analogie très grande de structure et de composition minéralogique que présentent quelques-unes de ces roches, incontestablement filoniennes et postérieures au gabbro et certains des schistes amphiboliques dont il sera question plus loin, schistes dont l'origine ne me paraît pas claire et qui sont nettement traversés par des filons de gabbro.

§ II. — Filons acides (*Granulites*).

Les filons de granulite abondent dans toute la région, aussi bien dans les micaschistes que dans le gabbro lui-même. Le type moyen est fourni par une roche à grains fins, quelquefois dépourvue de micas, mais souvent riche en biotite, avec ou sans muscovite. Le microcline est abondant, associé à de l'orthose et des plagioclases acides de la série de l'oligoclase.

Ces roches ne présentent aucune particularité digne d'être notée, sauf cependant la persistance et surtout l'intensité des auréoles pléochroïques autour du zircon englobé dans les paillettes de pennine qui résultent de la transformation de la biotite.

Les phénomènes dynamiques qui ont modifié les gabbros ont en même temps affecté la granulite suivant les procédés habituels.

Dans la carrière de Champ-Cartier, on voit des filonnets à larges lames de biotite (2 à 3 centimètres de diamètre) s'irradier dans le gabbro au voisinage de filons de granulite à grains fins. L'examen microscopique fait voir que cette roche, dont il a été déjà question plus haut, est un gabbro plus micacé et plus quartzifère que celui qui constitue la majeure partie du gisement ; peut-être sa production est-elle en relation avec la venue des filons granulitiques qui l'accompagnent.

La granulite sans mica qui injecte en veinules le gabbro ouralitisé de la petite carrière de Chintre renferme de la hornblende qui a nettement une origine endomorphe.

CHAPITRE IV

LES ROCHES SCHISTEUSES ET RUBANÉES

Le massif de gabbro se trouve au milieu d'assises schisteuses, désignées par M. Bochet sur la *feuille de Clisson*, sous le nom de micaschistes granulitisés (ζ^2) ; elles sont traversées par un grand nombre de filons de granulite.

Au voisinage du gabbro et au milieu de celui-ci, se trouvent des roches schisteuses, à la fois amphiboliques ou pyroxéniques et feldspathiques.

§ I. — Micaschistes granulitisés.

Ces micaschistes feldspathiques sont très schisteux, riches en quartz et en feldspath (orthose et oligoclases). Suivant les localités, c'est la biotite ou la muscovite qui dominent parmi les éléments micacés, parfois la biotite existe seule (près de Mouzillon). Près de Gorges et au Nord du Pallet, au Port Domino, des carrières sont ouvertes dans ces micaschistes, que l'on exploite comme pierres de construction.

La seule particularité intéressante à signaler consiste dans les phénomènes dynamiques, extraordinairement intenses, subis par ces roches en quelques points de la bordure du massif. Aux environs de Gorges, le contact du gabbro et des micaschistes s'effectue à peu près dans le thalweg d'un petit ruisselet descendant vers la Sèvre. On peut y recueillir des schistes devenus ternes, dans lesquels, au microscope, on ne distingue plus que des débris triturés de quartz et de feldspath, des lames de biotite froissées et déchiquetées ; tous ces éléments sont cimentés par des lamelles, souvent cryptocristallines de biotite. Ces roches ont un aspect clastique des plus curieux.

Les filons de granulites à muscovite qui les traversent ont subi des déformations dynamiques du même ordre. J'ai indiqué plus haut que le gabbro de ce gisement a subi des transformations non moins intenses.

§ II. — Leptynolites.

Les deux échantillons de leptynolites étudiés proviennent du calvaire du Pallet et du ravin de Gorges ; leur aspect extérieur n'ayant pas frappé mon attention sur le terrain, je ne puis préciser l'importance de leur gisement.

Ces spécimens ne présentent aucune déformation de structure; ce sont des roches à grains fins, ayant la même composition minéralogique que les mica-schistes feldspathiques à biotite, mais présentant une structure différente. De petits grains de quartz, d'orthose et d'oligoclase sont moulés par des lamelles de biotite, surtout abondantes dans des lits distincts. Il existe un peu de sphène, d'amphibole pœcilitique, quelques cristaux d'apatite, d'*allanite* déterminant des auréoles pléochroïques dans les lamelles de biotite. Enfin, çà et là, on observe des cristaux de quartz et de feldspath plus grands qui donnent à la roche un aspect porphyrique (Gorges).

Ces leptynolites présentent une analogie si grande avec les roches similaires résultant du métamorphisme du granite sur les schistes argileux, qu'il ne me paraît pas douteux qu'ils ne soient dus à l'action de contact du gabbro. L'existence de l'amphibole dans ces roches n'est pas sans intérêt, car elle établit un passage minéralogique avec quelques-unes des roches dont je vais m'occuper plus loin et semble indiquer entre elles une parenté d'origine.

§ III. — Schistes amphiboliques.

Les schistes amphiboliques sont assez fréquents, sous forme de lambeaux, au milieu du gabbro ou à sa bordure. On les voit notamment dans le ravin de Gorges et dans le talus du chemin de fer. Dans le ravin de Gorges, ils sont parfois intercalés au milieu des schistes écrasés ; on en voit aussi qui paraissent reposer sur le gabbro, sans que les relations des deux roches puissent être nettement établies. A ces contacts, du reste, les roches sont toujours altérées. Il en est de même dans la zone d'amphibolites de Vallet-Montfaucon.

Les caractères extérieurs de ses schistes amphiboliques sont assez peu variés, on y distingue généralement à l'œil nu beaucoup d'amphibole verte en petites aiguilles et parfois des feldspaths sur la tranche des échantillons.

L'examen microscopique fait voir que toutes ces roches, sans exception, sont constituées par de la hornblende et des plagioclases, il existe en outre, parfois, un peu de biotite et du quartz, fort peu d'ilménite, les minéraux accessoires : apatite, zircon, etc., y sont rares. La hornblende est d'ordinaire vert pâle, rarement brunâtre (carrière des Corbellières, près Vallet), elle renferme quelquefois des inclusions brunes. L'amphibole domine toujours sur le feldspath et elle lui est généralement postérieure ; celui-ci est granulitique.

On a vu plus haut que beaucoup de ces schistes amphiboliques doivent leur origine à une modification dynamométamorphique du gabbro dont j'ai pu suivre un certain nombre de phases; c'est incontestablement là l'origine des schistes amphiboliques de Gorges et d'une partie au moins de ceux de la ligne du chemin de fer.

Peut-être faut-il attribuer à une origine analogue, mais avec la norite comme roche primitive, quelques schistes amphiboliques et quartzifères et à plus grande

éléments que j'ai recueillis dans la tranchée du chemin de fer et dans la carrière de Saint-Michel. Ces roches manifestent une tendance à la structure porphyroïde par suite de l'existence de grands cristaux de plagioclases ; leur amphibole est une hornblende vert foncé, accompagnée (Saint-Michel) de cummingtonite et de grenat almandin.

Il existe un certain nombre de schistes amphiboliques sur l'origine desquels je ne puis me prononcer, ce sont ceux qui constituent le calvaire du Pallet, ils sont intimement associés aux roches pyroxéniques qui vont être décrites plus loin. J'y rapporterai en outre des schistes amphiboliques dans lesquels ont été ouvertes les carrières des Corbellières près Vallet et des Huttes, près Tilliers. Ces roches sont rubanées plutôt que schisteuses, leurs bancs, vus de loin, donnent l'impression d'une roche éruptive par leur homogénéité, (elles ont plus de 10 mètres d'épaisseur au calvaire du Pallet). Elles sont traversées par des filons de norite ou de gabbro-norite. Enfin, au Pallet, c'est au milieu d'elles que j'ai recueilli l'échantillon de leptynolite décrit plus haut.

Dans les nombreux échantillons du calvaire du Pallet que j'ai examinés, il existe presque toujours de la biotite. Dans quelques-uns d'entre eux, la structure rappelle celle des schistes amphiboliques du type précédent, la structure granulitique s'y accentue dans les roches de passage au type pyroxénique. D'autres échantillons renferment en abondance du quartz granulitique et offrent une assez grande ressemblance avec quelques-uns des types de microdiorites quartzifères à faciès malchitique décrits plus haut.

Dans la carrière de la Rochelle, j'ai recueilli au milieu du gabbro-norite des roches de ce genre très riches en biotite, ayant la structure du mica des leptynolites ; elles se présentent en enclaves ou sous forme de filons, de pseudofilons larges zônes d'écrasement ?) ?

§ IV. — Roches pyroxéniques rubanées.

J'ai observé ces roches en place dans le petit chemin creux du hameau de Saingnèsne ; elles se retrouvent à l'état de blocs dans les champs longeant le chemin de la carrière des Prinaux.

Dans le premier de ces gisements, elles sont très altérées ; dans le talus sud du chemin, elles sont très nettement stratifiées et presque horizontales par places. Elles sont traversées par de nombreux filons de gabbro non moins altéré qui les injectent, les disloquent et en empâtent des blocs (fig. 1) : il existe aussi des lits interstratifiés de granulite.

Les fragments de roches extraits de ce talus et débarrassés de leur enveloppe d'altération se présentent sous la forme de masses très compactes, extraordinairement tenaces ; leur cassure, très finement cristalline, rappelle celle d'un quartzite. A l'œil nu, on n'y distingue pas facilement les éléments constitutifs, plagioclases et pyroxènes. La couleur est d'un gris jaune, d'un gris noir quelquefois un peu verdâtre.

Le rubanement ne se voit généralement pas sur les cassures fraîches, mais il apparaît à la surface des blocs retirés des champs et légèrement altérés ; il est alors rendu manifeste par la présence de petits lits amphiboliques qui restent en relief.

L'examen microscopique montre que la composition minéralogique est très simple : plagioclases, augite, magnétite et pyrrhotite, parfois quelques lamelles de biotite et de hornblende brune et enfin de graphite.

Les plagioclases sont maclés suivant la loi de l'albite, plus rarement de la péricline, mais les grains dépourvus de macles ne sont pas rares. La basicité est grande, le labrador, la bytownite et parfois l'anorthite constituent la règle à peu près générale ; ces feldspaths ne sont pas zonés, ils sont dépourvus d'inclusions.

Le pyroxène est une augite verte, parfois d'un brun violacé, les plans de séparation suivant h^1 (100) et surtout p (001) sont très fréquents ; il n'existe pas d'inclusions diallagiques. Dans quelques échantillons se trouve un peu de bronzite.

La hornblende, quand elle existe, est généralement brune et rappelle celle du gabbro ; dans quelques roches elle est verdâtre.

La structure est franchement granulitique ; tous les éléments sont isométriques et sans exception xénomorphes. Leur cristallisation a été simultanée, mais le pyroxène a une certaine tendance à mouler le feldspath Dans beaucoup de types, il n'y a pas d'orientation de ces divers éléments ; dans d'autres, au contraire, le pyroxène s'allonge, il peut atteindre 3 ou 4 millimètres et il enveloppe alors des grains de plagioclase ; d'autres fois, le pyroxène est plus abondant (à l'état grenu) dans certaines parties de la roche qui devient alors rubanée. Ce rubanement est parfois aussi produit par de simples variations simultanées de la dimension de tous les éléments dans des lits successifs.

Quand l'amphibole est peu abondante, elle moule le pyroxène. Il existe des échantillons dans lesquels le pyroxène est remplacé entièrement par ce minéral dans des zones de quelques millimètres d'épaisseur; des lits pyroxéniques alternent ainsi avec des lits amphiboliques. Dans d'autres gisements, et c'est ce qui a lieu dans les roches que surmonte le calvaire du Pallet, le pyroxène disparaît peu à peu et alors la roche change de caractère, elle devient d'un vert foncé, conserve sa compacité ; elle passe aux schistes amphiboliques dont il a été question plus haut. Une ancienne carrière ouverte au pied du calvaire, sur les bords de la Sanguèze, permet d'étudier aisément en place ce type amphibolique, alors que le calvaire lui-même est placé sur une roche surtout pyroxénique.

Une variété de la roche pyroxénique mérite un examen spécial ; le pyroxène incolore s'y présente sous forme de très petits grains irréguliers, arrondis, mais contournés sous forme de larmes, de dentelle[1]. Il est enveloppé par de l'anorthite en cristaux, non plus isométriques, comme dans la roche précédente, mais enchevêtrés, allongés comme des microlites. Il existe en outre des cristaux plus grands, simulant les phénocristaux d'une roche d'épanchement.

[1] Cette structure de l'augite, rappelle celle de l'hypersthène de quelques enclaves des norites.

A Saingnèsne, on observe parfois des lits de quelques millimètres d'épaisseur contenant du quartz visible à l'œil nu. Au microscope, on voit que celui-ci englobe la bytownite, et un peu de pyroxène. Au voisinage de ces lits à éléments plus grands que le reste de la roche, cette dernière se charge de quartz. Cette disposition rappelle celle des veinules quartzofeldspathiques injectées dans les cornéennes feldspathiques de contact du granite de la Haute-Ariège.

Les roches qui viennent d'être décrites ne présentent aucune transformation secondaire d'origine mécanique ; elles sont remarquablement fraîches et c'est à peine si quelques échantillons pyroxéniques présentent çà et là un peu d'amphibole vert pâle d'ouralitisation.

Quelle est l'origine de ces roches ? La seule donnée stratigraphique que j'ai pu recueillir est fournie par la coupe du chemin de Saingnèsne, qui montre qu'elles sont antérieures au gabbro-norite, qui les disloque et les injecte. Leur composition minéralogique et leur structure les rapproche de roches d'origine très diverse.

La première comparaison qui s'impose est la comparaison avec les types de gabbro granulitique, formant des filons dans le gabbro normal de Frankenstein et que M. Chelius a décrits sous le nom de *beerbachite* [1]. A part l'hypersthène qui abonde dans les gisements de l'Odenwald, et qui est rare au Pallet, il n'y a de différence, ni de structure, ni de composition minéralogique entre les roches des deux gisements ; la beerbachite de Frankenstein est à grain à peine plus gros que celui des roches du Pallet.

L'analogie n'est pas moins grande avec les types granulitiques des gabbros des Hébrides décrits par MM. Geikie et Teall [2] et notamment avec celui de Druim an Eidhne (Skye) que j'ai pu examiner comparativement, grâce à l'obligeance de ces géologues.

La comparaison s'impose également avec un autre type pétrographique, d'origine bien différente encore, le plus basique des gneiss granulitiques, gneiss très abondants sur les deux rives de l'estuaire de la Loire [3], dans de nombreux gisements du Morbihan [4], du Finistère et qui sont à comparer aux *pyroxengranulites* des géologues allemands. J'ai montré que sur les bords de la Loire, ces gneiss à pyroxène, intercalés en lits minces ou en bancs épais au milieu de gneiss granulitiques ou de micaschistes granulitisés, résultent de la transformation de cipolins ; en divers points, et notamment à Ville-ès-Martin, près Saint-Nazaire, j'ai pu suivre les passages insensibles entre ces deux types pétrographiques ; le même phénomène est fréquent dans les roches similaires de l'Ariège. La composition minéralogique des roches du Pallet est très analogue à celle du gneiss pyroxénique de Roguédas dont le feldspath est très basique, mais les dimensions des éléments constituants sont beaucoup plus grandes dans

[1] *Notizbl. Ver. f. Erdk. Darmstadt*, 1892, Heft 13, 1.
[2] *Quaterl. Journ. Geol. Soc. London*, L, 645, 1894.
[3] Contributions à l'étude des gneiss à pyroxène et des roches à wernérite. *Bull. soc. minér.* XII, 1889.
[4] Barrois. Les pyroxénites du Morbihan. *Bull. soc. géol. du Nord*, XV, 69, 1888.

les roches de Roguédas et c'est aux environs de Saint-Nazaire et de Saint-Brevin qu'il faut chercher des termes de comparaison au point de vue de la structure.

Les dernières roches avec lesquelles il est possible de comparer celles qui nous occupent sont constituées par les cornéennes feldspathiques à grands éléments, résultant de la transformation de calcaires sous l'influence de roches éruptives ; seules à ma connaissance, les cornes de contact du granite des montagnes de Quérigut[1] (Ariège) et celles de contact de la lherzolite de la vallée de Suc et des environs de l'étang de Lherz[2], présentent une cristallinité suffisante pour être complètement mises en parallèle avec les roches du Pallet. Il faut cependant rappeler que M. Michel-Lévy a signalé, dans les contacts granitiques de Flamanville, M. Barrois, dans ceux de Morlaix, des roches grenues offrant une structure comparable à celle de roches éruptives[3].

Cette rapide énumération montre que deux catégories d'hypothèses peuvent être présentées pour expliquer l'origine des roches granulitiques à pyroxène du Pallet.

1o *Origine éruptive.* — Si ces roches sont éruptives, il faut les considérer comme antérieures au gabbro normal ; il n'est pas impossible que le magma éruptif ait été mis en place en plusieurs fois. La grande analogie de composition minéralogique des deux catégories de roches s'explique aisément par cette hypothèse ; les deux roches diffèrent toutefois par la structure, mais il y a lieu de faire remarquer que j'ai signalé plus haut des gabbros ayant une structure semblable ; toutefois ces gabbros granulitiques se rencontrent surtout dans les types endomorphiques et ils sont plus acides que le gabbro normal, alors que les roches qui nous occupent ici sont généralement plus basiques que lui.

La structure rubanée avec lits de composition variée n'est pas contraire à l'hypothèse éruptive. Les observations de MM. Geikie et Teall sur les gabbros des Hébrides ont montré, en effet, l'existence de grandes masses de gabbros zonés et le gabbro granulitique de Druim an Eidhne dont j'ai parlé plus haut, fait précisément partie de l'une de ces masses.

Ces gabbros granulitiques, si gabbros granulitiques il y a, auraient fait intrusion dans les micaschistes granulitiques de la même façon que le gabbro normal lui-même. Malheureusement, il ne m'a pas été possible de trouver un seul affleurement montrant les relations de ces roches et des micaschistes.

Il n'est pas inutile de faire remarquer que si l'hypothèse éruptive est exacte, à l'inverse de ce qui a lieu dans l'Odenwald où la beerbachite forme des filons minces dans le gabbro granitoïde, au Pallet, au contraire, c'est ce dernier qui traverserait le type granulitique. De plus, tandis que le gabbro normal présente des phénomènes endomorphes des plus nets, ces gabbros granulitiques plus an-

[1] *Bull. carte géol. de France*, no 64, 1898.

[2] *Id.*, no 42, 1895.

[3] *Id.*, no 36, tome V, 13, 1893-94. M. Barrois m'a aussi communiqué des roches provenant des environs de Saint-Brieuc qui ont peut-être la même origine et qui sont très comparables au point de vue de la composition minéralogique de la structure avec celles du Pallet.

ciens n'offriraient rien de semblable, ce qui semble singulier, les petites différences de structure observées entre les deux roches ne paraissant pas, au point de vue de la genèse, impliquer des conditions de consolidation bien différentes.

2° *Origine métamorphique.* — L'origine métamorphique peut s'interpréter de deux façons différentes.

Les roches qui nous occupent pourraient être des gneiss granulitiques pyroxéniques au même titre que ceux de Saint-Brévin et des environs de Saint-Nazaire et dans ce cas, leur formation serait contemporaine de celle des micaschistes qui les entourent, leurs relations avec le gabbro seraient purement occasionnelles ; dans les gisements des bords de la Loire, aucune roche éruptive ne peut être invoquée pour expliquer la formation de ces gneiss aux dépens des calcaires. Les micaschistes du Pallet étant sensiblement du même niveau que ceux de Saint-Brévin, l'existence de semblables gneiss à pyroxène n'a en soi rien d'impossible.

Dans la seconde hypothèse, nous serions en présence de cornéennes résultant de l'action métamorphique du gabbro sur des sédiments basiques (calcaires), originellement intercalés dans les schistes argileux, devenus plus tard des micaschistes. Cette hypothèse, pas plus que la précédente, n'est invraisemblable, puisque des calcaires existent à ce niveau géologique dans les micaschistes des bords de la Loire ; il faut cependant faire remarquer qu'ils n'ont pas été signalés encore dans la bande micaschisteuse du Pallet.

J'ai montré plus haut que le gabbro est antérieur à la granulite et j'ai attribué à son action métamorphique les leptynolites du calvaire du Pallet. Or, ces dernières roches sont associées aux roches grenues qui nous occupent. Cette observation est donc une présomption en faveur de l'origine métamorphique de celles-ci, à moins toutefois qu'on ne les considère comme des roches éruptives injectées dans ces leptynolites et comme la cause efficiente de leur métamorphisme.

En présence de ces diverses hypothèses qui, comme on vient de le voir, peuvent toutes se défendre, je crois devoir réserver mes conclusions en faisant remarquer cependant que l'existence du graphite dans quelques types de Saingnèsne me fait plutôt pencher vers la théorie métamorphique exposée en dernier lieu.

CHAPITRE V

RÉSUMÉ ET CONCLUSIONS

Je me suis proposé dans ce mémoire de décrire un massif de gabbro, situé au milieu des micaschistes. Il est essentiellement constitué par un *gabbro labradorique à olivine*, présentant des passages insensibles à une *norite andésitique à cordiérite* ; des phénomènes intéressants de transformations minéralogiques, effectués par les agents atmosphériques et des actions dynamiques, s'observent surtout à sa périphérie. Le massif est traversé par de nombreuses roches filoniennes dont les plus basiques offrent de remarquables analogies avec celles qui accompagnent les gabbros de l'Odenwald.

Enfin, ce gabbro se montre en contact avec de curieuses roches granulitiques basiques dont l'origine a été discutée.

L'intérêt principal de cette étude se concentre sur les transformations du *gabbro* en *norite à cordiérite* ; C'est ce point que je discuterai en terminant.

Le type normal du gabbro du Pallet et celui d'un gabbro labradorique généralement à olivine, dont la structure oscille entre les structures grenue et ophitique ; il représente donc dans ce dernier cas un acheminement vers les diabases, il est comparable aux roches suédoises, désignées par M. Torneböhm sous le nom d'*hypérites* et par M. Rosenbusch sous celui de *gabbros hypéritiques*.

Dès que ces gabbros s'éloignent de la composition normale pour se rapprocher des norites andésitiques, toute trace de structure ophitique disparaît et le caractère grenu de la structure s'accentue pour devenir bientôt définitif.

Le passage du gabbro à la norite est un fait incontestable, indépendant de toute explication théorique ; il en est de même pour le passage de la norite à la norite quartzifère riche en cordiérite et en grenat.

Il est donc impossible d'admettre que norite et gabbro constituent deux roches de venue distincte ; elles forment au point de vue de la mise en place un tout indivisible.

La liaison de position existant entre les norites et les schistes de la périphérie du massif d'une part, le gabbro normal d'une autre, l'étroite dépendance que révèle l'étude de la carrière des Prinaux, entre l'existence d'enclaves de schistes plus ou moins métamorphisés et une zone périphérique de norite les séparant du gabbro normal ne laissent à mes yeux aucun doute sur l'interprétation de ces norites ; elles sont le résultat de la transformation du magma gabbroïque par assimilation d'assises schisteuses. Remarquons que les schistes de la périphérie du massif sont constitués aujourd'hui par des micaschistes granulitisés, mais que le gabbro est lui-même antérieur à la granulite qui le traverse en maints endroits, les schistes digérés n'avaient donc pas la composition des micaschistes actuels ; pour s'en assurer, il suffit en effet de se reporter à la description des enclaves des Prinaux et à celle de quelques-unes des roches de contact décrites plus haut qui sont des leptynolites, semblables à celles des contacts granitiques ; ce fait complique du reste la question en ne permettant pas une discussion rigoureuse des modifications chimiques, introduites dans le gabbro, par dissolution des schistes, puisque nous ne connaissons pas ceux-ci à l'état intact.

L'existence de la cordiérite dans ces norites constitue du reste une anomalie de composition minéralogique des plus remarquables : elle constitue le fait capital sur lequel je veux insister. En effet, ce minéral si abondant dans les roches de la famille du granite, dans les schistes cristallins et dans les roches de contact des roches éruptives était jusqu'à ce jour inconnu dans les roches grenues de la famille du gabbro. Si on laisse de côté les roches à cordiérite de la famille granitique et celles de la série métamorphique, c'est aux roches volcaniques qu'il faut s'adresser pour trouver des roches de composition chimique analogues renfermant de la cordiérite : l'origine de celle-ci fournit des indications de nature à éclairer la question qui fait l'objet de cette étude. La cordiérite s'y rencontre en effet dans les conditions suivantes :

1° *Cordiérite énallogène.* — La cordiérite est fréquente à l'état d'enclaves énallogènes, c'est-à-dire en fragments arrachés au sous-sol par l'éruption, dans tous les types de roches volcaniques épanchés sur un substratum de roches granitiques ou gneissiques. Parmi les nombreux exemples anciennement connus ou nouveaux que j'ai passés en revue dans mes *Enclaves des roches volcaniques*, je ne rappellerai ici que les gisements du Plateau central de la France, où l'on trouve, dans les *trachytes* (Mont-Dore), dans les *andésites* (Cantal), dans les *basaltes* (Mont-Dore, Haute-Loire) la cordiérite, soit engagée encore dans des fragments de gneiss ou de granulite, soit directement englobée par la roche volcanique qui a dissous les autres éléments de l'enclave.

2° *Redissolution de cordiérite énallogène.* — Dans quelques cas, la cordiérite énallogène englobée dans un magma volcanique a été dissoute dans celui-ci et a recristallisé sous la même forme, tel est le cas de l'andésite à hypersthène d'Hoyazo (Cap de Gates) dans laquelle M. Osann [1] a vu de la cordiérite néogène se produire par dissolution de gneiss à cordiérite et probablement aussi celui qui a été signalé par Dittmar [2] dans les enclaves du Lac de Laach, etc.

3° *Formation par action de contact endomorphe.* — Il y a lieu de considérer maintenant des cas se rapprochant beaucoup plus de celui que j'étudie ici et dans lesquels la cordiérite résulte de la transformation d'un magma volcanique par la digestion d'enclaves ne renfermant pas de cordiérite toute formée, mais pos-

[1] *Zeitschr. d. d. geol. gesellsch*, XL, 701, 1888.
[2] *N. Jahrb.* 1888, II, 411.

sédant des éléments chimiques de nature à permettre la formation de celle-ci dans le magma endomorphisé.

M. Prohaska [1] et M. Zirkel [2] ont montré que des grès enclavés dans des roches basaltiques ou se trouvant en contact avec elles se sont chargés de cristaux de cordiérite ; j'ai moi-même signalé plusieurs cas de ce genre au contact de grès ou de schistes argileux enclavés dans la même catégorie de roches éruptives [3]. Il y a là en quelque sorte confusion entre les phénomènes de contact endo et exomorphes, dans quelques échantillons, les éléments des grès étant prédominants, alors que dans d'autres c'est la roche volcanique qui l'emporte en importance, on n'y retrouve plus alors aucun des éléments intacts de la roche sédimentaire.

M. Max Koch [4] explique par un phénomène d'endomorphismes l'abondance de la cordiérite dans l'andésite micacée lamprophyrique (*Kersantite* de Koch) de Michaelstein dans le Hartz. Cette roche renferme dans une pâte microlitique composée de biotite, d'enstatite, d'orthose, d'oligoclase et de quartz, des phénocristaux d'anomite, de labrador, de quartz et enfin de cordiérite, ces derniers présentant des macles remarquablement nettes. M. Koch regarde la formation de la cordiérite comme résultant de la dissolution de schistes cristallins dont la roche filonienne renferme encore de nombreuses enclaves enallogènes à composition variée (feldspath, grenat, sillimanite, disthène, quartz, corindon, staurotide, etc), présentant elles-mêmes des phénomènes métamorphiques intéressants (production de spinelle, d'hypersthène, de corindon). M. Koch insiste sur l'absence de la cordiérite dans ces enclaves, ce qui ne permet pas d'admettre que la cordiérite de la roche éruptive soit le résultat d'une recristallisation, suivant une dissolution de ce minéral dans le magma. Grâce à l'obligeance de M. Max Koch j'ai pu étudier quelques échantillons de ce gisement qui offre le plus grand intérêt.

M. Molengraaf [6] a décrit une curieuse roche (il la désigne sous le nom de *Cordierit-Vitrophyrit*), provenant des environs d'Harrismith (État libre d'Orange) et essentiellement constitué par un verre riche en cristaux de cordiérite, de spinelle avec des cristallites d'augite et de magnétite. Bien qu'il n'ait trouvé au milieu d'elle aucune enclave, M. Molengraaf rappelant les divers modes de formation de la cordiérite, énumérés plus haut, regarde cette roche comme constituant probablement une modification endomorphe de l'un des nombreux filons de diabase traversant les schistes de cette région.

Dans toutes les observations qui viennent d'être passées en revue, la cordié-

[1] *Sitzb. k. k. Akad. Wissensch, Wien*, 1883, XVIII.
[2] *N. Jahrb.* 1891, I, 109.
[3] *Enclaves des roches volcaniques.*
[4] *Jahrb. k. preuss. geol. Landesanst.* Berlin, 1887, 44.
[5] Peut-être est-ce là aussi l'origine de la cordiérite des rhyolites de Campiglia ; de nombreux blocs des schistes liasiques voisins abondent dans cette rhyolite regardée par M. Lotti comme la partie périphérique d'un laccolite dont le centre serait granitique (Lotti, d'Achiardi et plus récemment Dalmer. *N. Jarhrb.* 1887, II, 206).
[6] *N. Jahrb.* I, 1894, 79.

rite résulte de l'endomorphisme d'un magma par dissolution de sédiments qui, bien que ne possédant pas de cordiérite toute faite en renfermait cependant les éléments ou tout au moins avait une composition suffisante pour modifier celle de la roche volcanique de façon à y permettre la production de cordiérite.

La possibilité pour un sédiment d'apporter par sa seule dissolution dans un magma la totalité des éléments nécessaires pour la formation de la cordiérite est mise en évidence par deux sortes d'observations que j'ai publiées antérieurement. J'ai trouvé en premier lieu dans les téphrites de Mayen, de Niedermendig, etc., et dans les néphélinites de l'Eifel [1] des enclaves de schistes dans lesquelles de la cordiérite néogène s'est produite loin du contact, là ou le magma enveloppant n'a pu pénétrer. Elle résulte par suite incontestablement de la fusion du schiste lui-même et de sa recristallisation sans apport. M. L. Bourgeois a du reste montré [2] que l'on pouvait aisément faire cristalliser par un simple recuit au four Forguignon et Leclere le verre produit par la fusion de la cordiérite ou de ses éléments. D'autre part, j'ai fait voir [3] qu'à Commentry, à Cransac, à Epinac, la cordiérite abonde comme produit de recristallisation dans les plus fusibles des schistes fondus par les incendies spontanés de ces mines de houille. La constitution de ces roches fondues est extrêmement variable ; la cordiérite, l'anorthite et l'augite s'y présentent en proportions très différentes, la cordiérite peut y prédominer sur tous les autres éléments. Ces roches de synthèse accidentelle sont microlitiques avec tendance à l'ophitisme.

Tels sont les renseignements que fournit l'observation des roches microlitiques à cordiérite.

M. Morozewicz [4] a fait récemment cristalliser de la cordiérite en recuisant un verre ayant une composition voisine de celle des roches à cordiérite décrites par MM. Osann et Molengraaf, puis, à la suite d'autres expériences synthétiques, effectuées par la même méthode de fusion purement ignée de MM. Fouqué et Michel Lévy, le même auteur a discuté les conditions chimiques dans lesquelles un magma alumino-silicaté fondu peut donner naissance au corindon, au spinelle, à la sillimanite et à la cordiérite. D'après lui, un magma de la forme $MeO, mAl^2O^3, nSiO^2$, dans lequel $Me = K^2, Na^2, Ca$ et $n \leq 2$, lorsqu'il est sursaturé d'alumine laisse déposer par cristallisation son excès d'alumine sous la forme de cordiérite s'il est riche en MgO et FeO et que $n < 6$.

M. Morozewicz fait remarquer que dans la plupart des roches éruptives, le rapport (K^2O, NaO, Na^2O) : Al^2O^3 est $>$ 1 et que par suite, les types pétrographiques sursaturés d'alumine sont rares dans la nature. Ils existent cependant dans certaines rhyolites (et granites), trachytes, andésites acides, alors qu'au contraire, les phonolites, les andésites basiques, les labradorites et les basaltes constituent des types dans lesquels la sursaturation n'existe pas.

[1] *Les Enclaves des roches volcaniques*, p. 51.
[2] *Ann. Phys. et Chim.* XIX, 5e série.
[3] *C. Rendus*, CXIII, 1060, 1891.
[4] *Isckermak's miner. petr. Mittheil.* XVIII, 68, 1898.

On comprend dès lors comment le corindon, le spinelle et la cordiérite se rencontrent parfois comme éléments dans les premières de ces roches (sursaturées) alors qu'ils manquent dans les autres [1]. Les diagrammes de M. Michel Lévy mettent d'une façon remarquable en lumière cette propriété d'un magma d'être non saturé, saturé ou sursaturé d'alumine.

La comparaison des épures que j'ai données plus haut avec celles des différents types pétrographiques, passés en revue dans le mémoire de M. Michel Lévy, met en lumière combien est particulière la composition de ces roches à excès d'alumine, celui-ci ne s'y trouve guère représenté que dans quelques granites, tonalites et surtout quelques roches albitiques décalcifiées, par action secondaire, et aux dépens desquelles il serait très vraisemblablement possible d'obtenir de la cordiérite par fusion et recuit convenable.

Des analyses données page 23 (voir surtout *i* et *j*), il résulte que les norites diffèrent essentiellement du gabbro par la diminution considérable de la chaux qui tombe de 10 0/0 (gabbro) à 2 0/0 dans la norite, il y a aussi une faible diminution de la magnésie, puis augmentation de l'alumine de la silice et des alcalis : l'augmentation en alumine est en raison inverse de la silice.

C'est la diminution de la chaux bien plus que l'augmentation de l'alumine, qui donne à ces norites leur cachet spécial au point de vue chimique : les 8 0/0 de chaux déficients n'étant que très faiblement compensés par le petit accroissement en alcalis, l'alumine n'est plus saturée sous forme feldspathisable et c'est alors que la cordiérite, le grenat, la biotite peuvent se développer en abondance. Il est facile de se rendre compte de ce fait en comparant l'analyse *a* du *gabbro* et celle *b* d'une *norite à cordiérite*, qui, à 1 0/0 près, renferment la même teneur en alumine, mais ont des proportions de chaux extrêmement différentes, et une composition minéralogique tout à fait différente.

La pauvreté en chaux et un excès d'alumine non feldspathisée constituent donc le caractère chimique des norites du Pallet. On a vu plus haut que la roche de Michaelstein, l'andésite du cap de Gates, contenant de la cordiérite d'origine endomorphique et enfin la roche vitreuse à cordiérite d'Hanismith présentent les mêmes caractérisques.

La pauvreté en chaux non feldspathisée (fig. 3) du gabbro du Pallet rendait plus facile leur transformation des norites en cordiérite. Je n'ai trouvé dans aucune

[1] M. Morozewicz a pour défendre sa théorie invoqué deux passages de mes *Enclaves*. L'un d'eux, correspondant aux observations sur les roches basiques s'accorde en effet avec elle, mais ce savant me fait dire en outre que dans les trachytes et les andésites acides, l'absorption d'enclaves quartzofeldspathiques détermine la formation de cordiérite, d'andalousite et de sillimanite, avec d'ordinaire du spinelle provenant de la destruction de la biotite ; je me suis efforcé au contraire de démontrer (p. 604) que dans tous les échantillons que j'ai étudiés, la cordiérite, l'andalousite et la sillimanite constituent des minéraux enallogènes et que *dans aucun cas*, je ne les ai observés comme produits de recristallisation, malgré le soin que j'ai mis à les rechercher dans les gisements, tels que le Cap de Gates et le lac de Laach où d'autres auteurs ont signalé des recristallisations de cordiérite. Les observations consignées dans ce mémoire, les expériences de M. Morozewicz ne laissent du reste aucun doute sur la possibilité de ces recristallisations, mais je ne les ai pas moi-même observées dans les roches volcaniques en question.

des analyses publiées de gabbros ou de norite quelque chose de comparable à ce qui vient d'être décrit. Seuls les gabbros à olivine (forellenstein) de Neurode (Silésie) et quelques anorthoites du Canada présentent un léger excès d'alumine non feldspathisé qui n'atteint pas 1 0/0, de telle sorte que dans les épures le côté *m a f* du triangle ferromagnésien se confond presque avec l'axe z.

Si maintenant on passe en revue la composition minéralogique des différentes roches ou enclaves à cordiérite décrites ou citées plus haut, on sera frappé de ce fait que toutes les fois qu'elles renferment du pyroxène, celui-ci est orthorhombique ; cette observation s'applique même aux roches volcaniques renfermant de la cordiérite énallogène, quand on les considère au contact immédiat de celle-ci. Ainsi au Mont-Dore, tandis que l'hypersthène n'existe pas normalement dans le trachyte à biotite du Capucin, il abonde au contraire dans cette roche, tout à l'entour des enclaves de gneiss à cordiérite ; il s'y forme, sans aucun doute, par endomorphisme sous l'influence de l'enclave et, bien que je n'aie pas observé de recristallisation de cordiérite dans ces trachytes et que ce minéral soit très réfractaire [1] à l'action du magma trachytique, il n'en est pas moins certain qu'il

[1] M. Lagorio fait remarquer (*Zeitschr. f. Kryst.* XXIV, 1895) que les auteurs qui ont étudié le gisement du corindon dans les roches volcaniques ont confondu l'*infusibilité* de ce minéral et son *insolubilité* supposée dans divers magmas. Pour justifier sa critique, M. Lagorio cite un passage emprunté à mes *Enclaves des roches volcaniques*. Je regrette qu'avant d'avoir formulé la critique qui me concerne, M. Lagorio n'ait pas lu le titre du paragraphe qui contient le passage cité ; il est extrait (page 558) du chapitre consacré à l'examen de la *chaleur seule* sur les éléments des enclaves, considérés individuellement : je n'y ai pas prononcé le nom d'action du magma qui n'avait rien à voir à ce sujet qui a été traité spécialement (page 584) dans le chapitre consacré à l'*action des magmas volcaniques sur leurs enclaves*. On peut y lire le passage suivant : « Je ferai seulement remarquer que les minéraux infusibles (zircon, corindon, diaspore, sillimanite) sont en même temps très réfractaires à l'action des magmas fondus ; ils forment, ainsi que la cordiérite, le résidu ultime des enclaves résorbées. »

Constater que l'*infusibilité* du corindon et de ses satellites est *accompagnée* d'une *grande résistance* à l'action dissolvante du magma qui les englobe, n'implique pas plus la confusion de ces deux propriétés distinctes que l'affirmation d'une *résistance absolue* à l'action du magma ; cela m'a paru tellement évident que je n'aurais pas pensé à insister sur ce sujet, je crois aujourd'hui devoir ajouter quelques lignes.

Il suffit d'avoir examiné quelques cristaux de zircon ou de corindon des sables d'Espaly ou du Coupet et de les avoir comparés à ceux qui se trouvent intacts dans les enclaves granitiques des mêmes localités pour ne pas hésiter à voir dans les déformations de leurs faces une action corrodante du magma, puisque la température à laquelle ces cristaux ont été portés était évidemment insuffisante pour les fondre. Mais que sont ces corrosions, si on les compare à l'intensité de la destruction de tous les minéraux qui les accompagnaient ! Il faut chercher pendant des journées entières dans les tufs basaltiques de la Haute-Loire pour trouver un cristal de corindon ou de zircon, englobé dans une de ces enclaves granitiques, qui, cependant sont innombrables, alors que c'est par centaine que les cristaux de ces mêmes minéraux se rencontrent dans les sables de la même région (riou Pezzouliou, le Coupet), ils représentent le résidu d'un cube formidable de roches granitiques résorbée par le magma basaltique.

Nul plus que moi n'attache une importance capitale à l'expérimentation en pétrographie, mais pour que celle-ci atteigne toute sa portée philosophique, il faut chercher avant tout dans son application à se rapprocher le plus possible des conditions géologiques sur lesquelles elle est destinée à jeter la lumière. On peut facilement aujourd'hui fondre, à l'aide du four électrique, et le corindon et le zircon ; les minéralogistes n'en doivent pas moins continuer à considérer ces minéraux comme infusibles dans les conditions naturelles où il leur est donné de les étudier. M. Morozewicz dans une élégante et démonstrative expérience a fait cristalliser du corindon en sursaturant d'alumine un verre basaltique, il n'en est pas moins vrai que la solubilité dans ce magma du *corindon cristallisé* est assez faible dans les condi-

peut être corrodé par lui. La production d'hypersthène dans de semblables conditions s'explique bien par la loi que M. J. Vogt a déduite de l'étude des scories métallurgiques basiques et qui est probablement plus générale encore que ne l'a établi son auteur, et s'applique aussi à des roches plus acides. Cette loi est la suivante[1] : dans un magma silicaté fondu, contenant environ 50 0/0 de silice, le pyroxène formé est un pyroxène rhombique, quand le rapport (MgO + FeO) : CaO = ou > 3. Quand ce rapport est plus petit, il se produit, au contraire, de l'augite. Or, la cordiérite ne se formant, comme on l'a vu plus haut, que dans des magmas sursaturés d'alumine, c'est-à-dire dans lesquels la totalité de la chaux a dû se déposer sous forme feldspathique, le rapport en question est toujours élevé, on comprend dès lors la nécessité de la production d'un pyroxène ferromagnésien dans un milieu dépourvu de chaux disponible et par suite l'association si fréquente, je dirai presque constante[2] de l'hypersthène et de la cordiérite.

Je viens de montrer quelles sont les différences chimiques existant entre le gabbro et les norites à cordiérite du Pallet et comment ces *différences chimiques* expliquent les *différences minéralogiques* qui caractérisent chacune de ces roches. Quelle est maintenant la cause première de ces différences chimiques? Au Pallet, la cordiérite ne peut provenir, ni de désagrégation mécanique, ni de la dissolution et de la recristallisation d'enclaves à cordiérite dans lesquelles ce minéral aurait préexisté à l'enclavement. En effet, la cordiérite n'est connue dans aucun schiste de la région et j'ai pu suivre dans les enclaves schisteuses imparfaitement métamorphisées les étapes de la production de la cordiérite qui y est incontestablement d'origine métamorphique.

La preuve que la cordiérite a cristallisé directement dans le magma est fournie par ses formes géométriques, par sa postériorité fréquente aux divers éléments de la roche (feldspaths, quartz, hypersthène, grenat, mica). J'ai fait remarquer plus haut la variabilité de l'ordre de succession de ces divers minéraux et la nécessité d'admettre qu'ils ont cristallisé à peu près simultanément.

Je ne pense pas toutefois que les différences chimiques qui existent entre le gabbro et les norites soient dues à une différenciation magmatique, notons en passant qu'au Pallet, s'il y avait eu différenciation, celle-ci, à l'inverse de ce qui est admis par les partisans de cette hypothèse, aurait donné les produits les plus acides à la périphérie du massif. On a vu plus haut que les norites sont en moyenne un peu plus riches en silice que le gabbro, la roche analysée en *g* et *h*, extrêmement riche en grenat, constitue une exception dans le massif.

J'ai indiqué plus haut les considérations géologiques qui me portent à

tions réalisées au moment de l'épanchement d'un basalte, pour que ces cristaux ne subissent en général dans de semblables conditions que de faibles corrosions. C'est là ce que j'ai tenu et ce que je tiens à mettre en relief en parlant d'une part de l'*infusibilité* du corindon et du zircon et d'une autre de leur *grande résistance* à l'action des magmas basaltiques.

[1] *Beitrage zur Kenntniss des Mineralbildungs in Schmelzmassen.* Kristiana, 1892, 75.

[2] Les schistes houilliers fondus et cristallisés de Commentry que je n'ai pas encore étudiés au point de vue chimique paraissent cependant constituer une exception, le pyroxène qui accompagne la cordiérite est monoclinique.

admettre que le norite résulte de la transformation du gabbro par assimilation de schistes voisins[1] ; la nature des variations de composition chimique présentées par ces roches, concorde d'une façon satisfaisante avec cette hypothèse qui se trouve ainsi démontrée. Les nombreux exemples de production de cordiérite par voie endomorphe, rappelés plus haut, montrent du reste qu'il existe ailleurs de nombreux cas analogues, bien qu'aucun d'eux ne se présente d'une façon aussi grandiose, ni dans des roches granitoïdes et aussi basiques, qu'au Pallet.

Toute la discussion qui précède a porté sur des cas de cordiérite formée par fusion sèche dans un magma non quartzifère, épanché à la surface du sol ou de cordiérite produite artificiellement ou accidentellement à la pression normale. Bien que la composition chimique en bloc des norites du Pallet ne s'oppose pas a une cristallisation par fusion pure, les particularités minéralogiques sur lesquelles il me reste à insister nécessitent cependant quelques réserves à cet égard ; jusqu'à présent en effet elles n'ont pas été réalisées dans les synthèses effectuées par voie purement ignée, je veux parler de l'existence des auréoles pléochroïques dans la cordiérite, de la présence du grenat almandin et du quartz dans la plupart de ces norites.

Les auréoles pléochroïques n'existent dans la cordiérite pyrogène naturelle ou artificielle d'aucune des roches décrites plus haut. Dans les roches granitiques ou métamorphiques qui les présentent, elles disparaissent quand la cordiérite est chauffée au rouge, elles manquent par suite toujours dans la cordiérite des enclaves énallogènes ; en outre, la cordiérite ayant subi au moment de la sa genèse ou postérieurement à celle-ci, une haute température sèche présente souvent en lames minces une coloration et un pléochroïsme qui, d'une façon générale, manquent à la cordiérite riche en auréoles pléochroïques et en particulier à celle des roches du Pallet.

Bien que l'on ne soit fixé actuellement ni sur la nature, ni sur l'origine de ces auréoles pléochroïques, leur constance dans la cordiérite des roches granitiques et des roches métamorphisées par elles d'une part, et leur absence dans les roches pyrogènes d'une autre, ne peuvent manquer d'avoir une signification théorique et de faire penser que les roches qui nous occupent ont une communauté de mécanisme de formation avec les roches granitiques. Les différences que présentent à ce point de vue la cordiérite pyrogène et la cordiérite formée dans les conditions que je viens de décrire, peut être mise en évidence d'un façon saisissante de la façon suivante : j'ai fondu dans un creuset de

[1] En l'absence de données précises sur la composition chimique des schistes du Pallet antérieurement au métamorphisme qui leur a donné leur composition et leur structure actuelle, il n'y a pas lieu de discuter longuement à ce sujet. Je ferai toutefois remarquer que des analyses *i* et *j*, on peut obtenir la seconde (moyenne de la composition du gabbro) par le mélange de 1 partie de gabbro (analyse *i*) et de 4 parties d'un schiste ayant la composition suivante : $SiO^2 = 54.2$, $Al^2O^3 = 26.5$, $Fe^2O^3 + FeO = 11.2$, $MgO = 3.4$, $Na^2O = 3.5$, $K^2O = 0.8$, c'est-à-dire celle d'un schiste séricitеux dans lequel les proportions *habituelles* de soude et de potasse seraient renversées. Cette difficulté n'existe plus, si l'on admet, comme le démontrent les phénomènes de contact exomorphes, que les alcalis accompagnent les magmas en profondeur sous forme transportables et qu'ils peuvent se fixer dans les zones de contact.

platine, puis recuit au four Fourguignon et Leclerc la norite à cordiérite et grenat des Prineaux, la cordiérite recristallise avec grande facilité et présente tous les caractères de la cordiérite des enclaves, et non celle de la norite.

La présence du grenat almandin qui n'a jamais été rencontré dans des roches de fusion purement ignée et qui se détruit par la fusion sèche, enfin, l'abondance du quartz dans quelques-unes de nos norites, sans parler de celle de la biotite, conduisent à une même conclusion.

Ces différentes particularités minéralogiques qui sont en relations très nettes avec les conditions de consolidation que l'on peut supposer à une roche de profondeur paraissent impliquer l'existence dans le magna de minéralisateurs dont l'influence sous pression est généralement manifeste dans tous les phénomènes de contact intenses, endomorphes ou exomorphes[1].

Comme conclusions d'un ordre plus général, je ferai remarquer en terminant que la région étudiée dans ce mémoire montre sous une autre face la question qui a fait l'objet principal de mon précédent *Bulletin* sur les phénomènes de contact du granite de la haute Ariège.

J'y ai exposé comment le granite a dissous des couches entières de schistes et de calcaires et s'est modifié d'une façon intense sous l'influence de ces derniers sédiments pour donner naissance à des types pétrographiques variés qui se trouvent d'ordinaire indépendants du granite. J'y ai en outre cherché à mettre en relief l'importance capitale que, dans ces transformations, ont dû jouer, non la fusion purement ignée seule, mais encore les minéralisateurs et les produits dissous ou transportés qui ont laissé leur empreinte profonde dans les roches exomorphisées.

Ce n'est plus une roche *acide* devenue basique par assimilation de calcaires que nous présentent les environs du Pallet, mais au contraire une roche *basique*, subissant par assimilation de schistes des transformations complexes qui conduisent à un type pétrographique anormal. Bien que l'action des agents minéralisateurs soit encore visible, elle a dû être moins importante que dans les cas précédents et la fusion ignée paraît ici avoir joué le rôle prépondérant, mais non exclusif.

Ces deux cas extrêmes d'un même phénomène démontrent quel rôle considérable *peut* jouer l'assimilation de masses minérales préexistantes dans la production des roches éruptives dont les pétrographes cherchent à découvrir les relations mutuelles et l'origine première.

[1] M. Morozewicz (*op. cit.*) s'est élevé avec vivacité contre l'intervention du principe des minéralisateurs qu'il considère comme antiscientifique, comme une sorte de *deus ex machina*, etc. et dont il faudrait rayer même le nom dans la science : l'ingénieuse expérience dans laquelle il obtient des cristaux de quartz, d'orthose et de mica en fondant les éléments d'une rhyolite avec 1 0/0 *d'acide tungstique* fournit, semble-t-il, une éclatante démonstration de l'importance du rôle de ces corps qui, sans entrer dans la constitution définitive des minéraux, permettent si facilement leur cristallisation, laquelle ne s'obtient pas sans leur aide, quelle que soit du reste l'impuissance où l'on se trouve aujourd'hui à préciser le mécanisme de l'intervention de beaucoup d'entre eux. L'acide tungstique, employé par M. Morozewicz et avant lui par M. Hautefeuille dans ses mémorables expériences, est un type de minéralisateur puissant dans les magmas fondus.

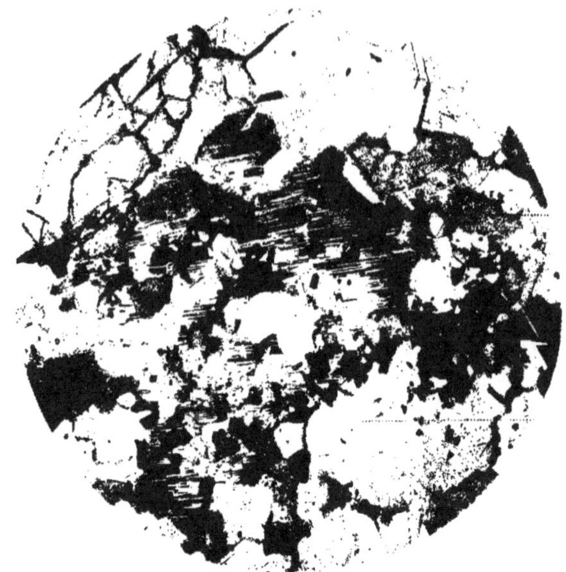

Fig. 1. Norite à cordiérite du Pallet.

Fig. 2. Enclave à cordiérite de la norite des Prinaux.

Campy, rue du Temple, 14, Paris.

EXPLICATION DE LA PLANCHE

Fig. 1. — Norite à cordiérite du Pallet (chemin de fer).

c. Cordiérite avec auréoles pléochroïques et inclusions de spinelle : de grandes plages maclées simulent un plagioclase ; *g*. grenat : l'andésine, le quartz, l'hypersthène n'ont pas reçu de numéros.

(Photographie faite entre les nicols croisés à 45°).

Fig. 2. — Enclave : cordiérite de la norite des Prinaux.

c. cordiérite, avec andésine, un peu de quartz, de spinelle, d'hypersthène ; au milieu de la figure se trouve une macle de cordiérite coupée obliquement par rapport à l'axe vertical.

Cette figure est destinée à montrer les différence que présentent les macles en roues, et les macles produites parallèlement à la même face *m* (fig. 1).

TABLE DES MATIÈRES

CHAPITRE IV

Roches schisteuses et rubanées

CHAPITRE V

Laval. — Imprimerie parisienne L. BARNÉOUD & Cie.
396

www.ingramcontent.com/pod-product-compliance
Lightning Source LLC
LaVergne TN
LVHW050433160826
845677LV00002BA/687
9782329671338